生态学实验教程
SHENGTAIXUE SHIYAN JIAOCHENG

主　编　张北壮　蒙子宁
副主编　陈宝明　黄立南　李金天

中山大学出版社
·广州·

版权所有　翻印必究

图书在版编目（CIP）数据

生态学实验教程/张北壮，蒙子宁主编. —广州：中山大学出版社，2015.1
ISBN 978-7-306-05145-5

Ⅰ. ①生… Ⅱ. ①张… ②蒙… Ⅲ. ①生态学—实验—高等学校—教材 Ⅳ. ①Q14-33

中国版本图书馆 CIP 数据核字（2015）第 007425 号

出 版 人：徐　劲
策划编辑：周建华
责任编辑：周建华
封面设计：曾　斌
责任校对：江克清
责任技编：何雅涛
出版发行：中山大学出版社
电　　话：编辑部 020-84111996，84113349，84111997，84110779
　　　　　发行部 020-84111998，84111981，84111160
地　　址：广州市新港西路 135 号
邮　　编：510275　　　　传　真：020-84036565
网　　址：http://www.zsup.com.cn　E-mail：zdcbs@mail.sysu.edu.cn
印 刷 者：虎彩印艺股份有限公司
规　　格：787mm×1092mm　1/16　12.75 印张　300 千字
版次印次：2015 年 1 月第 1 版　2015 年 1 月第 1 次印刷
定　　价：35.00 元

如发现本书因印装质量影响阅读，请与出版社发行部联系调换

内 容 提 要

本书除了保留部分经典生态学实验外,还介绍了当前国际上最新的生态因子测量仪器的性能和使用方法,同时增加了生态因子测量中的量化测定技术的内容,减少了过去生态学实验教材中关于形态描述的实验,所编写的内容力求反映目前国内外生态学研究领域最新测定技术和水平。本书的实验内容主要包括大气环境因子、城市环境因子、土壤环境因子、地形因子的测定方法和植物群落的光合速率、植物荧光效能、土壤呼吸速率、植物冠层等的测定方法。另外,还介绍了鸟类、鱼类的种类和性别的 DNA 分子鉴定技术。此外,本书还编入了综合与设计性实验内容,目的在于通过完成这些研究性质的设计性实验,培养学生独立解决实际问题的能力,提高学生的科研素质与创新意识。

本书可作为各类高等院校生态学、环境科学、农学、林学等相关专业学生的实验指导教材,也可供从事生态学、环境科学研究的技术人员参考使用。

前　　言

随着全球性自然生态资源的日益枯竭和人类生存环境的不断恶化，能源和环境问题已成为人们关注的热点。生态学作为一门研究生物与环境间相互关系及其作用机理的学科，它的发展受到世人的高度重视。生态学实验是继学生学习生态学相关的基础理论后的实践课程，它对巩固学生的生态学基本知识、培养学生的实验操作能力起着至关重要的作用，整个教学过程不可或缺，是生态学和环境科学等专业学生必修的基础课程，对专业建设具有极为广泛的理论指导意义和实践意义。

本书除了保留部分经典的生态学实验外，还介绍了当前国际上最新的生态因子测量仪器的性能和使用方法，同时增加了生态因子测量中的量化测定技术的内容，减少了过去生态学实验教材中关于形态描述方面的实验，所编写的内容力求反映目前国内外生态学研究领域的最新测定技术和水平。学生通过本课程的学习和训练，能规范使用生态学研究中常用的观测仪器和掌握生态学研究的基本方法。此外，本书加入了综合与设计性实验内容，目的在于通过完成这些具有研究性质的设计性实验，培养学生独立解决实际问题的能力，以激励学生的创新意识和提升学生的科研素质。本书旨在让学生掌握常用的生态调查和分析方法，了解实验生态方法在实践中的应用；学会在生态学宏观和微观研究中对野外实验条件的判断和选择、对数据和样品的采集及处理、对实验结果的分析和讨论等一整套严谨的实验技能；巩固并加深学生对生态学相关基本原理和概念的理解；培养学生勤奋学习、求真务实的科学品德；培养学生的观察能力和动手能力，使学生学会运用生态学基本原理进行生态学研究和生态管理。

本书共31个实验内容，由张北壮副教授组织编写和统稿，并执笔编写其中的实验1～11、13～14、27～29，蒙子宁副教授编写实验17～24，陈宝明副教授编写实验16、30～31，黄立南教授编写实验25～26，李金天副教授编写实验12、15。

本书的出版得到中山大学设备处提供的实验教材建设专项资金资助，特此表示感谢。

由于编者水平有限，书中不足和错漏之处在所难免，恳请读者和专家批评指正。

编者

2014年6月于中山大学康乐园

目 录

实验1　生态学实验设计 ··· 1
实验2　环境生态因子的测定 ··· 7
　　附录2.1　Kestrel 3000 手持式气象测定仪使用说明 ····································· 9
　　附录2.2　非接触式红外线测温仪使用说明 ··· 11
　　附录2.3　Hydra 土壤水分/盐分/温度速测仪 ··· 12
实验3　城市环境因子测定 ··· 14
　　附录3.1　Testo 815 噪音计使用说明 ·· 25
实验4　大气污染物中 PM2.5 微颗粒物的检测 ·· 32
　　附录4.1　LD-5 激光粉尘仪介绍 ··· 40
实验5　甲醛含量的测定 ··· 43
　　实验5.1　居住区大气中甲醛卫生检验标准方法：分光光度法 ················· 43
　　实验5.2　公共场所空气中甲醛测定方法：酚试剂分光光度法 ················· 46
　　实验5.3　甲醛分析仪测定方法 ··· 49
　　附录5.1　4160-2 甲醛分析仪及其维护 ··· 52
实验6　地形因子的测定 ··· 56
实验7　光周期对植物生长发育的影响 ··· 62
实验8　光周期对动物生长和性腺发育的影响 ··· 65
实验9　酸雨对花卉生长发育的影响 ··· 68
实验10　咸潮对作物危害的观测 ·· 71
实验11　植物种子的温度耐受性检测 ·· 74
实验12　植物热耐受性的检测 ·· 77
实验13　鱼类的温度、盐度耐受性观测 ·· 83
实验14　水体中化学需氧量等因子的测定 ·· 86
　　附录14.1　零浊度水的制备 ··· 91
　　附录14.2　福尔马肼（Formazine）浊度标准溶液的制备 ······················· 91
　　附录14.3　水污染及与污染有关的指标 ··· 92
实验15　水体毒性的生物测定 ·· 97
实验16　水分和养分对植物根系生长的影响 ·· 102
实验17　鱼类种类的分子鉴定：DNA 条形码技术 ·· 109
实验18　鱼类种类的分子鉴定：随机扩增多态 DNA（RAPD）技术 ············ 113
实验19　鱼类种类的分子鉴定：扩增片段长度多态（AFLP）技术 ············· 117

实验20　哺乳类性别的分子鉴定：SRY 基因 …………………………………… 124
实验21　鸟类性别的分子鉴定：CHD 基因 ……………………………………… 128
实验22　鱼类种群遗传分析：线粒体基因及微卫星分子标记技术 …………… 132
实验23　银染技术 …………………………………………………………………… 136
实验24　分子生态学数据分析和软件使用 ……………………………………… 139
实验25　环境微生物样品中总 DNA 的提取 …………………………………… 146
实验26　环境微生物群落的 T-RFLP 分析 ……………………………………… 148
实验27　土壤呼吸强度的测定 …………………………………………………… 151
　　附录27.1　土壤呼吸室介绍 ………………………………………………… 155
实验28　植物光合作用速率的测定 ……………………………………………… 159
　　实验28.1　植物叶片净光合速率的测定 …………………………………… 159
　　实验28.2　植物群落冠层光合速率的测定 ………………………………… 162
　　附录28.1　LCi 便携式光合仪操作使用规程补充说明 …………………… 164
实验29　不同群落中的植物效能测定 …………………………………………… 167
实验30　树木年轮与气候变化相互关系的分析测定 …………………………… 176
实验31　植物冠层叶面积指数与植株比叶面积的测定 ………………………… 183

实验 1　生态学实验设计

【实验目的】

围绕生态学上的某一科学问题，设计一个完善的、切实可行的实验方案。通过设计实验这一训练，培养学生科学的思维方式和创新能力，以及分析问题和解决问题的能力。

【实验设计的原则】

实验设计是科学研究中关于研究方法与步骤的一项内容，是实验过程的依据和实验数据分析处理的前提，也是提高科研成果质量的重要保证之一。生态学研究同其他自然科学研究一样，其过程包含：提出问题，确定研究内容；设计实验路线、程序；选定采样方法；取得代表性样本；获得样本数据；数据处理、分析；解释得到的结果；报告实验的发现与结论等步骤。如果实验设计存在缺陷，就可能造成巨大的浪费，并且降低实验结果的价值。研究者在进行实验设计时应根据实验目的，结合统计分析的要求，对实验的全过程及实际操作的可行性作全面考虑。一个周密而完善的实验设计，应能合理安排实验，有效控制实验误差，用较少的人力、物力和时间，最大限度地获得丰富而可靠的资料。实验设计既要考虑专业方面的问题，如根据研究对象自身的生物学特性及其环境要素来合理安排实验进程；也要考虑实验数据统计分析方面的内容，如样本量、对照、重复、随机化等问题。生态学实验往往包含众多变量，如温度、光照、营养水平等自变量，以及生长量、开花百分率等因变量，在设计实验时要进行全面考虑。通常，实验设计应遵循的原则可概括如下：

（一）确立自变量、因变量

生态学实验包含生物因素和非生物的环境因素等诸多因素，而且很多因素都可能会对实验结果产生影响。这时应根据实验目的，首先确定自变量和因变量。如想了解鲤鱼在什么环境条件下生长比较快，可以假定很多因素，如水温、水质、饲料品质、鱼的密度、鲤鱼自身的年龄、体重等都可能会影响到其生长。要想得到较为准确的结论，就要在实验室控制条件下设计一系列实验来进行观测。例如，想获知水温如何影响生长，可把水温定为自变量、生长定为因变量进行观测。这时注意要遵循单因子变量原则，即控制其他因素（如各实验组的密度、鱼体重、食物、水质等）不变，只改变自变量（各实验组水温），观察其对实验结果（实验组鱼的生长）的影响。在整个实验过程中，除了欲处理的实验因素（水温）外，其他实验条件必须前后一致，且各实验组相同。

（二）样本量充足

由于生物个体之间存在差异，为了使获得的数据具有代表性，应在研究条件许可的范围内尽可能多地获取观测样本。一般来说，实验室严格控制条件下的生理生态学实验，观测样本数不少于8个；野外种群的研究则需要根据可能的种群大小确定观测样本数，往往需要几十、上百甚至上千个观测样本。野外生态学调查时取多少样（取样点个数、取样面积大小、昆虫网捕次数等）合适，没有特定的规则，但有一些方法可帮助我们判定采样数是否足够，如常用的物种－样本数曲线法（可参考生态学野外采样有关内容），观测的样本数过少容易造成实验数据不可信，产生错误的结论。

（三）随机取样，尽量减小系统误差和实验误差

在取样时，要做到把拟观测的对象全部取样（如一个样地中的所有动物）往往是不可能的，只能从中抽出一些样本（统计样本）进行观测。这时的取样应遵循随机原则，即被研究的样本是从总体中任意抽取的，任何样本被抽测的机会完全相等。这样做的意义是可以消除或减小系统误差，使显著性测验有意义。

（四）设定对照和平行重复

为了避免实验结果发生偏差，在实验设计中通常要设置对照组，用来鉴别实验中处理因素与非处理因素的差异，并消除或减小实验误差。例如，要判定吃糖对血糖含量的影响，不仅要设计不同吃糖量的处理，还要设计一组不吃糖的作为对照，同样取血检测血糖含量。这是因为取血样这一实验操作过程本身可能会对血糖水平造成影响，设立这样一个对照组并将实验组结果与之比较，有助于消除实验操作等造成的误差。实验设计中可采用的对照方法很多，如阴性对照、阳性对照、标准对照、自身对照、相互对照等。通常采用空白对照的原则，即不给对照组以任何处理因素。值得强调的是，不给对照组任何处理因素是相对实验组而言的，实际上对对照组还是要做一定的处理，只是不加实验组的处理因素。

根据实验目的，实验设计中确定实验组后，通常还要在一个实验组内设定几个平行组，即平行重复原则，目的是在同样条件下重复实验，观察其对实验结果影响的程度。如观测不同饲料对鲤鱼生长的影响，首先要设定投喂不同饲料的实验组。但在投喂同一种饲料的实验组内，还要设定几个平行重复组，看这些组间的数据是否相似。任何实验都必须能够重复，这是具有科学性的标志。上述随机原则要求随机抽取样本，虽然能够在相当大的程度上抵消非处理因素所造成的偏差，但不能消除其全部影响。平行重复的原则就是为解决这个问题而提出的。

【实验设计的基本内容】

实验设计的基本内容包括：①提出假设；②确定自变量、因变量（观测指标）；

③实验步骤设计；④记录观测结果；⑤数据统计整理；⑥解释数据，提出结论。

【举例说明】

（一）动物实例——不同蛋白水平的饲料对罗氏沼虾生长和能量收支的影响

根据该研究项目进行实验设计，以寻找适宜罗氏沼虾生长并可节省能量与饲料成本的饲料蛋白水平。大致过程如下：

1. 提出假设

在进行实验设计前，应根据实验目的对自己的研究做一个简洁的、可观测的假设结论，通过设计实验来验证自己的假设，得出明确的结论。假设应该可被自己的研究结果支持或推翻。通过阅读大量已发表的相关文献，假设饲料蛋白水平确实影响罗氏沼虾的生长和能量收支；低蛋白饲料使罗氏沼虾摄食少，生长慢，但能量消耗小；在一定范围内随饲料蛋白水平增加，罗氏沼虾的生长加快，到一定蛋白水平后罗氏沼虾生长不再随饲料蛋白水平增加而变化，能量消耗增加。

2. 确定自变量、因变量

该项实验中的自变量是饲料蛋白水平，因变量是根据实验目的确定所要观测指标为生长量和能量收支各组分。一般来说，要根据研究目的和任务，选择对说明实验结论最有意义并具有一定特异性、灵敏性、客观性的指标进行观测。必要的指标不可遗漏，数据资料应当完整无缺，而无关紧要的项目就不必设立，以免耗费人力物力，拖延整个实验时间。

3. 实验设计前的准备工作

由于该实验是以实验饲料饲育罗氏沼虾进行实验，本着单因子变量原则，除作为实验处理的饲料蛋白水平外，其他可能影响到实验结果的因素，如水温、光照、水质、投喂次数、虾的大小、品质等都要保持一致，且这些因子最好选择适宜于虾生长的条件，以有利于实验结果的获取。因此，在实验设计前应查文献确定罗氏沼虾生长的适宜水温、水质等条件，并确定实验动物的来源。一般实验动物要求来源相同（最好是来自相同父母以消除遗传误差）、健康、数量略多于实际需要量，在该例中还要大小相似。另外，还要根据文献确定检测每项实验指标的实验操作方法，了解需要的仪器设备及药品。最好做预实验或请教相关专家了解实验过程的工作量，并熟悉实验操作技术等。

4. 实验设计

确定罗氏沼虾饲育基础饲料，饲育环境为全自动水循环流水饲育系统（系统内所有饲育水槽水质完全一致），水温28℃，光暗比12 h∶12 h。实验动物选用同一孵化厂的同一批幼虾，随机选取健康个体，并在实验开始前于实验温度、水质等环境条件下用基础饲料驯化饲育两周以上。根据实验室研究条件和实验时的工作量，设定1个对照组（吃基础饲料）和4个实验处理组（不同蛋白水平饲料），每组内设8个平行组，每个平行组随机选取10只动物。实验时间为8周。

5. 记录实验结果，统计整理数据

在进行实验观测时，可按照观察项目之间的逻辑关系与顺序，编制便于填写和统计的数据记录表，以便随时记录实验过程中获得的数据资料。记录表中的指标应有明确的定义，必须标明度量单位，单位一般采用国际单位制。实例中观测生长量的数据记录如表1.1所示，在实验过程中如果动物死亡、操作有误等应详细记录。

表1.1 蛋白水平-生长实验观测记录

日期： 观测人：

蛋白水平/%	平行组	初始体重/g	终末体重/g	增长量/g	增长率/%
20	1				
20	2				
20	3				
20	4				
20	5				
20	6				
20	7				
20	8				
30	1				
30	2				
30	3				
30	4				
30	5				
30	6				
30	7				
30	8				

注：因表格较大，表中仅列出了两个实验组，省略了其他实验组记录。

设计实验时要拟定分析整理所观测数据的预案，即准备对获得的数据资料要如何进行整理、要计算哪些统计指标、用什么统计分析方法等事先必须有个初步的设想。实例中因为样本体重差异不大，拟采用单方差统计分析数据。另外，实验设计中有时需要做经费预算，即根据所用实验材料、药品、设施、时间等对研究经费做大致预算。

6. 解释数据，提出结论

解释实验所得数据，并根据实验结果提出结论。

（二）植物实例——金心也门铁（花卉）开花生理研究

植物开花是一个高度复杂的生物学过程，植物生理学和遗传学的研究已表明花的形成是高等植物所特有的一种生理现象。

1. 提出假设

植物开花受到许多因子的调控。有些植物需要经过低温才能开花，有些植物则需要经过高温处理才能开花。此外，光周期和光照强度，以及激素和栽培过程的营养（氮、磷、钾）条件等因子都可能影响植物的花芽分化和开花反应。本研究探索低温、光周期、激素，以及营养水平对金心也门铁花芽分化的影响，以期从中找出金心也门铁开花的关键性因子，为制定合理的栽培措施和防止提早开花技术提供理论依据。

2. 确定自变量、因变量

分别设定温度、光周期、营养和激素为自变量，以在不同自变量条件下，植株出现花芽分化的时间和开花百分率为因变量。

3. 实验设计前的准备工作

准备金心也门铁（*Draceana arborea*）组培苗，栽培100 d的小苗和栽培300 d的大苗，每个组合的供试植株40～50盆（株），3次重复。同时调试好人工气候室的温度和光照，安装HOBO光温湿记录仪，并配制好激素溶液。

4. 实验设计

设计A～K共11个组合，A组为短日照光周期诱导+温度（降温→升温→再降温→再升温）处理（略）；B组为长日照光周期诱导+温度（降温→升温→再降温→再升温）处理（略）；C组为相等昼夜光周期+温度（降温→升温→再降温→再升温）处理（略）；D组为相等昼夜光周期+温度（降温→升温→再降温→再升温）处理+高氮营养栽培（略）；E组为相等昼夜光周期+温度（降温→升温→再降温→再升温）处理+高磷钾营养栽培（略）；F组为相等昼夜光周期+温度（降温→升温→再降温→再升温）处理+低光照栽培（略）；G组为相等昼夜光周期+温度（降温→升温→再降温→再升温）处理+高光照栽培（略）；H组为相等昼夜光周期+温度（降温→升温）处理（略）；I组为相等昼夜光周期+温度（降温→持续低温→升温）处理（略）；J组为对照组；K组为植物激素处理组合（略）。

5. 记录观测结果，统计整理数据

记录实验过程，统计实验结束时的开花株数，用表1.2的形式整理数据。

表1.2 不同试验处理后的金心也门铁开花百分率

组　合	供试株数	开花株数	开花百分率/%
对照			
A			
B			
⋮	⋮	⋮	⋮

6. 解释数据，提出结论

解释实验所得数据，并根据实验结果提出结论。

【作业】

根据实验室现有的实验设备、药品、实验材料、空间和实验允许时间，设计一个实验，观测某种环境因子（如温度）对动物（如金鱼或白鼠）某项反应（如摄食量）的影响；或设计一个实验，观测某种环境因子（如温度、光照、营养水平等）对植物开花效应的影响。

【参考文献】

［1］娄安如，牛翠娟. 基础生态学实验指导［M］. 北京：高等教育出版社，2005.

［2］张清敏. 环境生物学实验技术［M］. 北京：化学工业出版社，2005.

［3］蒋高明. 植物生理生态学［M］. 北京：高等教育出版社，2004.

实验 2　环境生态因子的测定

【实验目的】

在掌握光照强度、温度和大气湿度测量仪器的使用和测定方法的基础上，测定不同类型植物群落内的光照强度、温度和大气湿度等生态因子。认识不同植物群落的内部生态因子以及植物群落与裸地间生态因子的差异。

【实验原理】

植物群落与环境是不可分割的。任何一个植物群落在形成过程中，不仅对环境具有适应能力，而且对环境也有巨大的改造作用。随着植物群落发育到成熟阶段，群落的内部环境也发育成熟。植物群落内的环境因子如光照强度、温度、湿度等都不同于群落外部。植物群落内的各生物物种在它们自己创造的环境中，井然有序地生活着。不同的植物群落，其群落环境因子存在明显的差异。

【仪器与设备】

照度计，手持式气象测定仪，Hydra 土壤水分/盐分/温度速测仪，非接触式红外线测温仪。

【方法与步骤】

（一）植物群落内光照强度的测定

（1）选取针叶林和宽叶林两种不同类型的植物群落。

（2）分别在针叶林和宽叶林下，从林缘向林地中心均匀选取 5 个测定点，用照度计测定每一点的光照强度，并记录每次测定的数值。

（3）选择一块空的无林地作为对照，随机测定 5 个点，用照度计测定裸地的光照强度，并记录每次测定的数值。

（二）植物群落内和对照地的温度、湿度、风速测定

1. 大气温度、湿度的测定

（1）在上述的针叶林与宽叶林群落中，从林缘向林地中心在 1.5 m 高处，均匀选

取 5 个点,用手持式气象测定仪测定每一个点的空气温度和相对湿度,并记录每次测定的数值。

(2) 在空旷无林地的 1.5 m 高处,随机选取 5 个点,用手持式气象测定仪测定每一个点的空气温度和相对湿度,并记录每次测定的数值。

2. 地表温度、湿度的测定

(1) 在上述的针叶林与宽叶林群落中,从林缘向林地中心均匀选取 5 个测定点,用手持式气象测定仪和非接触式红外线测温仪分别测定每一个点的地表温、湿度,并记录每次测定的数值。

(2) 在空旷无林地随机选取 5 个点,同样用手持式气象测定仪和非接触式红外线测温仪分别测定每一个点的地表温、湿度,并记录每次测定的数值。

3. 风速、风寒指数和热应力指数的测定

(1) 在上述同样的针叶林与宽叶林群落中,从林缘向林地中心的 1.5 m 高处,均匀选取 5 个点,用手持式气象测定仪分别测定每个点的当前风速、最大风速、平均风速、风寒指数和热应力指数,记录每次测定的数值。

(2) 在空旷无林地随机选取 5 个点,用手持式气象测定仪分别测定每个点的当前风速、最大风速、平均风速、风寒指数和热应力指数,记录每次测定的数值。

(三) 群落内不同深度土壤的温度、水分、盐度测定

(1) 在各群落中,随机确定 2 个测定点,用 Hydra 土壤水分/盐分/温度速测仪测定距地表 10 cm、20 cm、30 cm、40 cm 深处的土壤温度、水分、盐度,并记录每次测定的数值。

(2) 在空旷无林地同样随机确定 2 个测定点,用 Hydra 土壤水分/盐分/温度速测仪测定距地表 10 cm、20 cm、30 cm、40 cm 深处的土壤温度、水分、盐度,并记录每次测定的数值。

【注意事项】

一定要在相同的时间里进行针叶林和宽叶林植物群落以及对照地(空旷无林地)的各种生态因子测定,这样获得的数据才具有可比性。

【作业】

(1) 详细记录每次测定数值,根据测定结果,列表整理得到的气象数据。
(2) 分析针叶林、宽叶林和空旷无林地中的生态因子及其差异性。

【思考题】

(1) 在针叶林与宽叶林两种不同类型的群落中,群落内的小气候环境有什么差异?

试分析造成这种差异的原因。

（2）植物群落内的小气候环境与空旷无林地的小气候有什么差异？试分析造成这种差异的原因。

附录 2.1　Kestrel 3000 手持式气象测定仪使用说明

Kestrel 3000 手持式风速气象测定仪可精确、快速测量环境的相对湿度、露点、温度、热应力等重要的气象参数。手持式测定仪具有外观小巧，操作便捷（使用 3 个按键即可完成所有的测量操作），防水性能优良的特点，可用于户外运动及多种野外作业以便掌握精确的天气状况。背景灯的显示功能和数据锁定功能为野外气象监测带来方便。

1. 可测参数

该机器可以测量如下参数：风速、最大风速、平均风速、温度、风寒指数、相对湿度、热应力指数、露点。除以上功能外，还具有数据锁定、背光、自动关机和防水功能（要避免湿度探头沾上水）。整体设计小巧，随机附带保护壳。

其中风寒指数是指风可以带走身体的热量，我们在风中感到的温度，会比在无风的情况下来得低。天气寒冷及风大的时候，人体产生的热量会被风迅速带走，人体因此感觉到的温度比实际温度低。这种感觉的温度即为风寒指数（wind chill）。风寒指数会受温度及风速的影响。当风寒指数偏低时，我们应避免长时间暴露于户外，以免因身体热量过分流失而造成危险。

热应力指数是指酷热指数为人体在高温及潮湿的环境下感觉到的真正温度。当人体处于温度高的环境下，身体会自动进行调节，以使人体达到比较舒适的温度。其中人体散热的一个机制是出汗，在汗液蒸发过程中会消耗热能，因此出汗的目的就是促进蒸发，然后消耗我们身体的热能，使我们感到凉快。当温度高而湿度低时，人体排出的汗液很快会被蒸发掉。相反，在温度高而湿度亦高的情况下，人的汗液的蒸发速度会减慢许多。当温度与湿度持续上升或人体长期处于汗液无法蒸发的情况下，则会有抽筋、热衰竭甚至中暑的情况发生。热应力指数只可作为参考，这是因为不同的人对热的适应程度不同。

2. 操作步骤

第一步：脱掉保护壳（附图 2.1.1）。　　第二步：按 ● 键，开机（附图 2.1.2）。

附图 2.1.1　脱保护壳

附图 2.1.2　开机

第三步:你可以通过键 ◁ 或键 ▷ 来选择当前测量参数,当切换不同参数的时候,液晶显示屏下方的图示也会发生变化,参数所对应的图示请参看附图2.1.3。

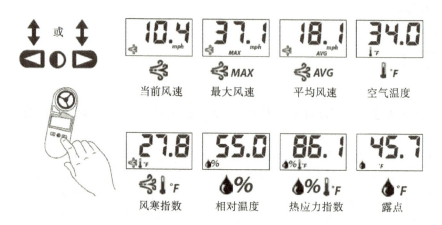

附图2.1.3 测量参数

第四步:按住 ◉ 的同时,按 ◁ ,可以改变测量单位。

第五步:按住 ◉ 的同时,按 ▷ ,可以锁定测量值;再次按 ◉ 的同时,按 ▷ 可以退出锁定测量值模式。

第六步:在开机状态下,按下 ◉ 能打开液晶显示屏光源,光源在10 s后自动关闭。

第七步:按住 ◉ 2 s后,关闭机器。在45 min内,若不对机器进行任何操作,机器会自动关闭。

第八步:电池的替换。当液晶显示屏上显示 ▯ ,表示需要更换电池。我们打开机器背后的电池盖(附图2.1.4),将新的CR2032电池装进去即可。

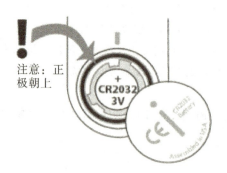

附图2.1.4 更换电池

附录2.2 非接触式红外线测温仪使用说明

非接触式红外测温仪（附图2.2.1）内置激光瞄准器，可以快速准确地瞄准目标并测定其温度。仪器的转换按键"℃/℉"可根据需要任意选择，操作的温度范围是0～50 ℃，温度测量范围是-50～1650 ℃，分辨率为0.1 ℃/℉，响应时间<1 s，精确度为±1.5%。仪器操作方法如下：

（1）握住仪表手柄并使其红外线传感器（附图2.2.2的①）指向被测物体表面。

（2）扣动扳机以开机测量。如果电量充足显示器会发亮。若不发亮或电池能量不足显示附图2.2.3的⑥，则请更换电池。

（3）测量时，"SCAN"提示符将出现在液晶显示屏（附图2.2.3）的左上方。

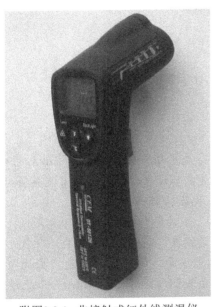

附图2.2.1 非接触式红外线测温仪

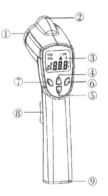

附图2.2.2 面板描述
① 红外线传感器
② 激光瞄准器
③ 液晶（LCD）显示屏
④ ℉选择键
⑤ ℃选择键
⑥ 背光源选择键
⑦ 激光按键
⑧ 测量扳机
⑨ 电池盖
⑩ 手柄

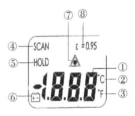

附图2.2.3 显示屏描述
① 测量显示读数
② 温度℃（摄氏度）
③ 温度℉（华氏度）
④ 测量显示
⑤ 数据保持
⑥ 电池能量不足显示
⑦ 激光点

（4）继续扣动扳机：

1）按下激光按钮打开激光瞄准器（附图2.2.2的②）。当激光打开时，激光提示符（附图2.2.3的⑦）将出现在液晶显示器的温度上方，将红色激光束瞄准被测物体。如果不用激光瞄准时，再次按下激光按钮可关掉激光。

2）用℃和℉按钮选择温度单位为℃或℉。

3）按下背光源按键，打开液晶显示屏的背光源功能。

（5）放开扳机，"HOLD"提示符出现在液晶显示屏上，表明读数已被保持。

（6）放开扳机大约7 s后仪表将自动关机。

（7）使用时不要将激光光束对着人或动物的眼睛，以免造成伤害。

附录2.3　Hydra土壤水分/盐分/温度速测仪

Hydra土壤水分/盐分/温度速测仪（附图2.3.1）是快速测量土壤剖面含水量、盐分、温度的先进仪器，其手持读数表可显示探头测量的土壤水分、盐分、温度数值。土壤水分测量范围为0饱和，精度±1.5%；温度测量范围为−10～60℃，精度±0.6℃；电导率测量范围为0～20 dS/m，精度±0.002 S/m。

附图2.3.1　Hydra土壤水分/盐分/温度速测仪

手持式读数表操作说明如下：

(1) ON/OFF键：控制电源开关。

读数表共可存2 000个数据，各数据不会互相覆盖，存满后需将数据导出至电脑。通常大量采数前，需将数据导出并清除。读数前，先要通过左右箭头选定土壤类型：沙土(SAND)、淤泥(SILT)、黏土(CLAY)，上下箭头选定存储位置。屏幕显示"Ready to READ"。准备读数就绪。这时按"READ"不占用内存(读数不被记录)，但按FUNCTION键后，再按READ，读数便会存储到读数表，断电数据不丢失。

(2) READ键：按READ键后，屏幕显示体积含水量(WFV)和温度(摄氏与华氏温度同时显示)；再按READ键，显示第二屏总盐NaCl (total salt burden) 和土壤电导率。每按一次READ键，都将激活一次读数。

(3) FUNCTION键：连接探头后，按FUNCTION键，再按READ读数并储存。按FUNCTION键后，屏幕显示如"SILT at Site 1 FUNCTION cancels"表示按FUNCTION键取消读数，按READ键，读数并存储至"site 1"。

(4) 数据下载：通过线缆将读数表与电脑连接，运行"Hydra Probe CD"，打开MICRO.EXE，可在Win95及更高版本下运行，下载数据时需开机并处于常态（而非采数状态）。按电脑键盘上的"D"下载数据，"M"显示菜单，"X"清除数据表中的读数。若想将数据存储到目标文件夹，点击"Download to File"按钮，在弹出的"另存为"窗口中，选定目标位置，输入文件名并保存即可。退出点击"Close"按钮。

(5) 电源：4节5号电池。

(6) 数据构成：存储位置(site number)，土壤类型(soil type)。

(7) 更换电池后，必须将读数表数据清零；勿在RS232接线与读数表连接时采数。

(8) 数据转换：请参照DOT LOGGER的数据整理和转换。也可以使用Hydra的程序，进行单个数据的转换，数据转换结果构成同 DOT LOGGER。

打开光盘中的 Hyd_file 程序，将测量的数据转换为我们需要的数据。先将我们已经整理好的数据放在一个 TXT 文档里，例如 data.txt，把这个文档放在 Hyd_file 的同一目录下（附图 2.3.2）。按照提示进行操作，先填入要转换的 TXT 文档例如 data.txt，再给转换后的数据存储文件取个名字（如 out.txt），最后敲一个"Y"即可。结果便在 Hyd_file 程序的目录下，为 out.txt。

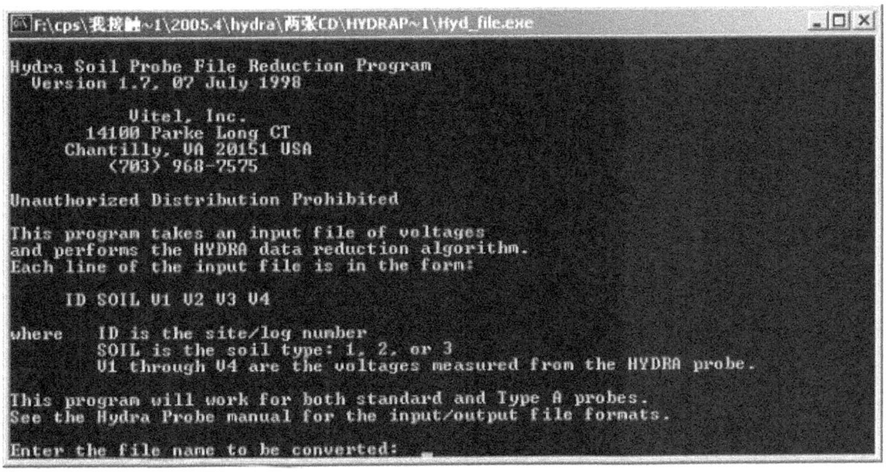

附图 2.3.2　数据转换

如 Probe Selection：Type A

042405125500 1   2.99 －29.23 29.54   3.09 －27.46 0.005 －3.4289 －0.0813 －0.0763 －101.0362

042405125600 1   2.81 －29.18 29.54   2.90 －27.41 0.000 －3.6516 －0.0811 －0.0762 －3218.4941

042405125700 1   1.82   0.31 29.54   1.88   0.29 0.000 0.0604 0.0009 0.0008 99.9999

以上各个数值的意义为：序号，土壤类型，真实介电常数，想象的介电常，温度，真实介电常数修正的温度，想象的介电常数修正的温度，土壤湿度，土壤盐分，土壤电导，土壤电导修正的温度，土壤水电导修正的温度。

【参考文献】

[1] 娄安如，牛翠娟. 基础生态学实验指导 [M]. 北京：高等教育出版社，2005.

[2] 张清敏. 环境生物学实验技术 [M]. 北京：化学工业出版社，2005.

实验 3　城市环境因子测定

【实验目的】

了解城市环境与各类生态因子的关系,以及全球变暖的原因。熟悉多功能二氧化碳(CO_2)分析仪、噪音计、空气负离子浓度测定仪等仪器的使用方法。

【实验原理】

气候变暖是当代人类社会面临的全球性环境问题之一,导致全球变暖的主要原因是人类在近一个世纪大量使用矿物燃料(如煤、石油等),排放出大量的 CO_2 等多种温室气体。由于这些温室气体对太阳辐射的可见光具有高度的透过性,而对地球反射出来的长波具有高度的吸收性,也就是常说的"温室效应"导致全球气候变暖。全球变暖的后果是全球降水量重新分配、冰川和冻土消融、海平面上升等,既危害了自然生态系统的平衡,更威胁到人类的食物供应和居住环境。空气中的 CO_2 来源多、变动范围大,但由于空气流动的调节作用,空气中的 CO_2 亦能保持相对稳定。一般城市空气中的 CO_2 占 $0.04\% \sim 0.05\%$,农村空气中 CO_2 占 0.03%。

空气的正、负离子按其迁移率大小,可分为大、中、小离子。离子迁移率大于 $0.14\ cm^2/(V \cdot S)$ 为小离子,只有小离子或称之为小离子团才能进入生物体,而其中的小负氧离子或称之为小负氧离子团,则有良好的生物活性,吸入人体的多是负氧离子团的水合物或碳酸根氧离子团的结合物。空气负氧离子被人们称之为"长寿素"或"空气维生素",它对人体的健康及生态的作用已经被人们所熟知。空气负离子浓度高低与人们的健康息息相关,负氧离子含量的高低和分布已经成为生态环境的重要指标之一,它对于开发生态旅游具有重要的指导意义。目前,空气负氧离子已被当作评价环境和空气质量的一个重要标准。负氧离子浓度等级共分 6 级,浓度等级愈高,对人体健康愈有利。世界卫生组织规定:清新空气的负氧离子浓度为每立方厘米 $1\ 000 \sim 1\ 500$ 个。

噪音是一类引起人烦躁或音量过强而危害人体健康的声音,目前中国许多城市正受到噪音的污染。城市环境噪声主要来源于交通运输、车辆鸣笛、工业噪音、建筑施工、社会噪音(如音乐厅、高音喇叭、早市和人的大声说话等)。噪音给人的生理和心理带来许多危害,如损害听力,影响人的心血管系统,影响人的神经系统,影响睡眠等。

分贝值是声音的量度单位,正常的人耳能听到的声音是 $0 \sim 10$ 分贝。分贝值每上升 10,表示音量增加 10 倍。分贝值在 60 以下对人是没有损害的。低声耳语约为 30 分贝，大声说话为 60～70 分贝。分贝值在 60 以下为无害区，60～110 分贝为过渡区，110 分贝以上是有害区。汽车噪音为 80～100 分贝，电视机伴音可达 85 分贝，电锯声是 110 分贝，喷气式飞机的声音约为 130 分贝。如果人们长期生活在 85 分贝以上的噪音环境中，就会受到噪音的"污染"。当声音达到 120 分贝时，耳膜便感到疼痛。

根据中华人民共和国国家标准 UDC534.836，城市各类区域环境噪声标准值列于表 3.1。

表 3.1 城市各类区域环境噪声的国家标准

适 用 区 域	昼间/分贝	夜间/分贝
特殊住宅区	45	35
居民、文教区	50	40
一类混合区	55	45
二类混合区、商业中心区	60	50
工业集中区	65	55
交通干线道路两侧	70	55

【实验材料】

城市空气，噪声，负离子。

【仪器与设备】

GM70 便携式 CO_2 测试仪，Testo 815 噪音计，ITC-201A 空气负离子测定仪。

【方法与步骤】

一、城市 CO_2 含量的测定

本实验采用 GM70 便携式 CO_2 测试仪测定 CO_2 含量。

（一）仪器的特点

（1）GM70 便携式 CO_2 测试仪（图 3.1），用于测量 CO_2 浓度。手持表显示 CO_2 浓度时有百万分比（ppm）和百分比（%）两种方式。

（2）在户外记载测量数据时，可采用节电方式，记载下来的数据可通过 MI70 连接软件传输到计算机中。

（3）建议 GM70 便携式 CO_2 测试仪的校正为 2 年 1 次，无需维护。手持表和探头

均可送到厂家服务中心进行校正。

（4）数字和图形显示测量结果。

（5）可连接测相对湿度和露点的探头。

（二）使用前的准备

（1）第一次充电建议充 6 h，也可使用普通的碱性电池。充电状态可以显示。

（2）打开仪器，设定语言、日期、时间、压力和温度。操作过程如下：

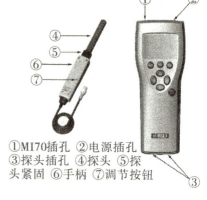

①MI70插孔 ②电源插孔 ③探头插孔 ④探头 ⑤探头紧固 ⑥手柄 ⑦调节按钮

图 3.1 GM70 便携式 CO_2 测试仪

1）将探头连接到主机，按开始按钮 ⌽，通过 △▽ 键选择语言种类，确定按 ⊖ SELECT。

2）默认的日期格式为：日/月/年。改变日期，选择 Date，按 ⊖ SET 进行设置，利用上下左右键进行调节，确认按 ⊖ OK。如果想更改默认的显示模式为月/日/年，选择 M/D/Y date format（month/date/year）按 ⊖ ON。

3）默认的时间格式为 24 h 的显示。如果想改时间，选择 Time，按 ⊖ SET，用上下左右翻键改变时间，确认按 ⊖ OK。若使用 12 h 的显示模式，选择 12-hour clock，按 ⊖ ON。

4）按 ⊖ EXIT 键退出，校正和更改环境参数，选择 YES，否则选择 NO。

5）为了确保测量准确性，请设置准确的环境压力值和温度值。

选择压力设置（P：1013 hPa，默认值），按 ⊖ UNIT 选择 unit（hPa 或 bar），按 ⊖ SET 设置，通过上下左右翻键设置压力值。按 ⊖ OK 保存压力值。选择温度参数（T：25℃，默认值），按 ⊖ UNIT 选择 unit（℃或℉），再按 ⊖ SET，通过上下左右翻键设置温度值，按 ⊖ OK 保存温度值。按 ⊖ 退出。

（三）测量 CO_2 浓度

CO_2 浓度的测量结果受所测环境的大气压力和温度条件影响。在高海拔地区为了获得准确的结果，实际的大气压力值需要设置到 GM70 便携式 CO_2 测试仪中。可接受的压力范围为 700～1 300 hPa。在开始测量前要确保所设置的大气压力、温度是正确的。操作如下：

（1）连接主机与探头，按 ⌽ POWER ON/OFF 按钮，预热 15 s 开始读数，如果想获得更准确的结果，等 15 min 以后读数。

（2）安装探头到测量状态，避免在探头周围呼气，使测量不准确。

（3）待数据显示稳定后，读数。

注意：拿探头的时候要小心，以免损坏。如果要将探头从主机取下，首先应关闭主机，这样有助于确保所有设置和数据的保存。

（四）按键、菜单和显示

GM70 便携式 CO_2 测试仪的按键如图 3.2。

实验 3　城市环境因子测定

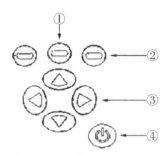

① 菜单键　② 快捷键　③ 上下左右翻键　④ 开/关机

图 3.2　GM70 便携式 CO_2 测试仪的按键

GM70 便携式 CO_2 测试仪的菜单及显示如图 3.3 至图 3.9。

图 3.3　主要菜单

图 3.4　显示菜单

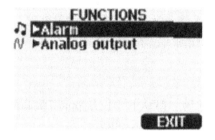

图 3.5　功能菜单

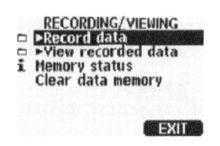

图 3.6　记录显示菜单

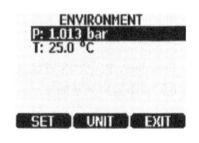

图 3.7　环境菜单

图 3.8　设置菜单

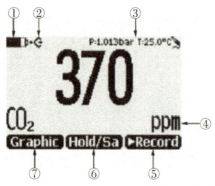

① 电池状态
② 连接电脑状态
③ 大气压力和温度值
④ 选择值，ppm 或%
⑤ 快捷键 Record，可以进入 Recording/Viewing 菜单
⑥ 快捷键 Hold/Sa 冻结显示，可以保存读数
⑦ 快捷键按钮 Graphic，结果以图形模式显示

图 3.9 GM70 便携式 CO_2 测试仪的基本显示

（五）设 置

1. 设置准确的压力值

在高海拔地区为了准确测量，真正的大气压力需要在 GM70 便携式 CO_2 测试仪中设置，可接受的压力范围是 700～1 300 hPa。

在主菜单 MENU 下，用 △▽ 选择 Environment，按 ▷ 选择压力值，按 ⊖ UNIT，按 ⊖ SET。通过上下左右翻键设置压力值，按 ⊖ OK 保存设置值。按 ⊖ UNIT 改变压力值，默认单位是 hPa。按 ⊖ EXIT 退出到基础显示界面。

2. 设置准确的温度

可接受的温度范围是 −20～60 ℃。打开主菜单 MENU，按 ▷ ⊖ OPEN，用 △▽ 选择环境 Environment，按 ▷ 选择温度，按 ⊖ SET。通过上下左右翻键设置温度值，按 ⊖ OK 保存设置值。按 ⊖ UNIT 改变温度值，默认单位是℃。按 ⊖ EXIT 退出到基础显示界面。

3. 显示设置

CO_2 的测量结果有两种单位可供选择：ppm 和%。默认的单位是 ppm，最高测量范围是 10 000 ppm；默认以 % 为单位的时候，测量范围为 2%～20%。

（1）MENU 菜单下选择 Display，选择 Quantities and units，按 ⊖ UNIT 选择 ppm 或%，按 ⊖ YES 退出到基本显示，如果想设置其他环境参数，按 ⊖ NO。

注意：测量单位 ppm 和% 表示的是 CO_2 气体的浓度。$1\% CO_2 = 10\ 000$ ppm CO_2。

舍入：用% 做单位的时候，使用舍入功能键 Rounding，可选择两位或三位小数显示，默认数值是不显示的。

（2）Menu 菜单下选择 Display，按 ▷，选择舍入 Rounding。按 ⊖ ON 进位（有两位小数显示），按 ⊖ OFF 不进位（三位小数显示）。按 ⊖ EXIT 返回到基础显示。

4. 保存显示

在 Menu 菜单下选择 Display，选择 Hold/Save display，按 ⊖ HOLD 冻结显示，显示冻结后的测量结果，按 ⊖ SAVE 保存数据，按 ⊖ EXIT 退出。运用 HOLD/SAVE 可以保存多组数据。第一次被保存的数据为 Point 1、第二次为 Point 2 等。所有的个体读数被保存在同一文件中，以 ⬚ 作为标记。主机关闭状态时，文件仍然存在。浏览保存的数据，按 ⊖ Record，选择 View recorded data，按 ▷。选择带有 ⬚ 的文件按 ▷，可以看到已经保存的文件数据，按 ⊖ TIMES 可以看到记录时间，按 ⊖ EXIT 退出。

5．历史曲线

在 MENU 菜单下选择 Display，按右翻键选择 Graphic history，按 ⊖ SHOW 进行曲线显示。在曲线图上得到同样信息，按 ⊖ INFO。获得其他选择数据的曲线，按 ⊖ NEXT。获得所有数字曲线，按 ⊖ NEXT，直到显示所有的数据，按 ⊖ ALL。放大曲线，按上翻键。缩小曲线，按下翻键。曲线在水平面移动，按左右翻键。按 ⊖ BACK 和 EXIT 返回。

6．用户界面

在菜单下选择 Settings，选择 User interface 可对用户界面进行显示设置（图 3.10）。

（1）语言设置：选择 Language。

（2）开关机设置：选择 Automatic power off，出厂时的默认设置是停止使用 15 min 后自动关机，这样省电。可设置成 60 min 内停止使用后关机或手动关机。

（3）改变快捷键：改变默认的快捷键，主要指的是 Functions Graphic，Hold/Save 和 Record，快捷键可以根据用户需要进行更改。选择 Program shortcut keys，按 START。按想改变的快捷键（如 Hold/Save）。如果想改变 Hold/Save 为压力功能，选择 Pressure setting→Environment→P，按 ⊖ 进行选择，回答 YES，确定选择。

（4）铃声和背景灯：打开菜单，选择 Settings，选择 User interface，按按钮 OFF 或者 ON，选择 Key click，按 ⊖ ON/OFF。改变背景灯，选择 Backlight on key press，按 ⊖ ON/OFF。

（5）仪器信息：基本的仪器信息和探头信息都可找到。在 MENU 下选择 Settings，按右翻键选择 Device information，按 ⊖ SHOW。第一次显示给出的是主机信息，按 MORE 可以得到探头信息。

（6）设置报警：在 CO_2 的水平超出可测量范围的时候，会报警。一旦超出范围，主机发出"哗哗"声，并黑屏。具体可在 MENU 菜单下按 Settings，再选择 Alarm 进行设置。

图 3.10　用户界面设置

（六）数据输出

选择和缩放输出：模拟数据输出需要模拟输出信号电缆，电缆的电压信号渠道为

0～10 V。可以进行任意比例输出，但是建议按探针测量范围的比例输出。

具体操作：将模拟输出信号的电缆连接到主机，连接线的螺钉终端的棕色线为地线（－），黄绿色线为信号（＋）。

菜单 MENU 下，选择 Functions，选择 Analog output，选择 0V 电压值为 0.0V 的输出信号，先按 ⊖ SET（数据输出是 ON），再按 ⊖ OK 确认。选择 1.0 V 作为 1.0 V 输出信号，按 ⊖ SET，通过箭头键设置最高值，按 ⊖ ＋/－选择信号值。按 ⊖ OK 确定设置。选择 Analog output on/off，按 ⊖ ON 激活模拟输出，返回。

不需要输出的时候，点击菜单 MENU→Functions→Analog output→Analog output on/off，然后按 ⊖ OFF。

（七）自动记录数据

1. 自动记录

(1) 操作：按快捷键 ⊖ Record（或者打开 MENU，选择 Recording/Viewing），选择 Record data，按 ▷，改变间隔，选择 Interval，按 ⊖ SET。用箭头键选择测量间隔，测量间隔和最大记录时长如表 3.2。

表 3.2 测量间隔和最大记录时长

测量间隔（measurement interval）	最大记录时长（maximum recording duration）（＝memory full）
1 s	45 min
5 s	3 h
15 s	11 h
30 s	22 h
1 min	45 h
5 min	9 d
15 min	28 d
30 min	56 d
1 h	113 d
3 h	339 d
12 h	1359 d

按 ⊖ SELECT，设置记录持续的时间，选择 Duration，按 ⊖ SET。用箭头键选择记录的持续时间，按 ⊖ SELECT。

(2) 开始记录：选择 Start/Stop 记录，按 ⊖ START。如果选择 Memory full，你可以在显示屏上看到最大记录次数。

为了得到最准确的结果，建议在持续记录数据时，使用电源。在长时间记录时，要借助适配器。确保电源是打开的。使用电池时，可以关掉电源，但是这样的话就不一定在说明书的准确范围之内。如果自动记录数据时，主机处于关闭状态，每 10 s 在显示屏上会显示 ⚪■ 。

注意：当自动记录数据时，即使主机是关机状态，也要保证探头是连接的。

2．停止记录

按快捷键 ⊖ Record，选择 Record data 并按 ▷，选择 Start/Stop recording 并按 ⊖ STOP。你可以通过选择 ⊖ SHOW 浏览记录的文件。

3．浏览记录数据

打开 MENU 菜单，选择 Recording/Viewing，选择 View recorded data。选择你想浏览的文件，按 ▷。识别文件是根据开始的数据和记录的时间。按 ⊖ GRAPH 得到曲线图，按 ⊖ TIMES 得到记录时间表。按 ⊖ EXIT 返回。

4．检查记忆状态

打开 MENU，选择 Recording/Viewing，选择 Memory status，按 ⊖ SHOW 查看利用的存储空间，估计剩余的存储空间。按 ⊖ OK 和 ⊖ EXIT 返回。

5．删除所有的记录数据

打开 MENU 菜单，选择 Recording/Viewing，选择 Clear data memory，按 ⊖ CLEAR。按 ⊖ YES 确定删除所有的记录数据文件。按 ⊖ EXIT 返回。

6．传输记录数据到电脑

记录的数据通过 MI70 连接软件，可以被传输到电脑。

（八）仪器的校正

仪器出厂的时候已经校正好，使用 2 年后需再次校正。

二、城市噪音的测量

本实验采用 Testo 815 噪音计测定城市噪音，仪器的特点和操作过程详见附录 3.1。其简要操作过程如下：

（1）启动仪器。

（2）设置测量时间（"FAST/SLOW"）。

（3）设置频率（"A/C"）。

（4）设置测量范围（"Level"）。

（5）将麦克风指向待测声音的方向。

（6）通过"Max/Min"保存最高和最低值。

三、城市空气负离子浓度的测定

本实验采用 ITC-201A 负离子测试器（图 3.11，图 3.12）测量空气的负离子浓度。

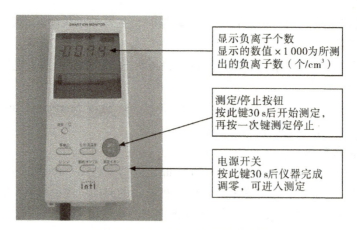

图 3.11　ITC-201A 负离子测试器

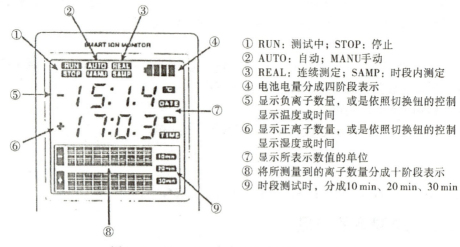

① RUN：测试中；STOP：停止
② AUTO：自动；MANU手动
③ REAL：连续测定；SAMP：时段内测定
④ 电池电量分成四阶段表示
⑤ 显示负离子数量，或是依照切换钮的控制显示温度或时间
⑥ 显示正离子数量，或是依照切换钮的控制显示湿度或时间
⑦ 显示所表示数值的单位
⑧ 将所测量到的离子数量分成十阶段表示
⑨ 时段测试时，分成10 min、20 min、30 min

图 3.12　ITC-201A 负离子测试器的显示屏说明

（一）仪器特点

（1）为保持感应部稳定，在热机时避免人体接触到测试器。

（2）需固定在台上以手持方式测试，测试中勿让人体靠近测试器以免人体之温度影响测试结果。

（3）请勿碰触底部盖板与侧边灰色塑料条，以免影响测试结果。

（4）请勿将底部盖板拆开，勿让风直接吹入空气进气口，以免造成误差。

（5）测量低浓度（1 999 个/cm³ 以下）时，将待测定物置于测试器下方 1 cm 处（图 3.13）。

图 3.13　低浓度测定物的测试距离

(二) 各按钮机能说明 (表3.3)

表3.3 按钮的功能说明

名 称	设 定	零补正	RANGE	日期/温湿度	测定/停止	测 定	连 续
通常机能	阅读灯	零补正	小数点位置移动	离子/日期/温湿度切换	测定开始/测定停止	切换离子表示种类	切换测定方法
设定机能	切换各种设定机能	消除记忆体中的数据	切换设定项目	日期时间的设定切换	确定各种设定		增加欲设定的数字

(三) 电源

本测试器内含充电电池,若电池没电时,请将测试器关闭,插上电源线充电,所需时间约4 h。

(四) 使用方式

下述各种测定方式均需要30 s热机,在此时间内请勿任意移动本测试器。测试的具体过程如下所示:

1. 测量微量负离子

(1) 接通电源。需热机30 s,液晶会显示倒数。

(2) 按下"测定"钮,此时显示由"一"变更为"LO"。

(3) 按下"测定/停止"钮,此时会经过30 s(液晶会显示倒数)后才开始测量。

(4) 所显示之数值即为所测出之负离子数量。

(5) 要停止时,在按下"测定/停止"钮。

2. 测量正离子

(1) 接通电源。需热机30 s,液晶会显示倒数。

(2) 按下"测定"钮2次,此时显示由"一"变更为"LO",再变更为"+"。

(3) 按下"测定/停止"钮,此时会经过30 s(液晶会显示倒数)后才开始测量。

(4) 所显示之数值×1 000即为所测出之正离子数量。例如显示15.63,表示测出15 630个正离子。

(5) 要停止时,按下"测定/停止"钮。

3. 开启闪读灯

在阴暗场所下按下"设定"钮2 s以上,则阅读灯开启。要关灯时再按下"设定"钮2 s。

(五) 错误讯息

在使用ITC-201A负离子测试器测量空气的离子浓度时,可能会出现一些错误号码。这些号码代表示的内容和排除方式如表 3.4 所示。

表 3.4 错误号码说明和排除方式

错误号码	内容	说明	排除方式
0102	感应部短路	感应部短路	重新开机
1101	低电量	电池容量不足，请充电	立即充电
1203	高温异常停止	无法在 60 ℃ 以上之环境测量	该环境不适检测
1204	低温异常停止	无法在 −5 ℃ 以下之环境测量	该环境不适检测
1206	湿度异常停止	无法在 91% RH 以上环境测量	该环境不适检测
2201	高温警告	41 ℃ 以上之环境测量中之警告	该环境不适检测
2202	低温警告	5 ℃ 以下之环境测量中之警告	该环境不适检测
2204	湿度警告	85% RH 以上环境测量中之警告	该环境不适检测
31XX	记忆领域容量	记忆体已满，无法记忆	按零补正 3 s
3201	ROM 形式错误	ROM 形式错误（通常不会出现）	重新开机
3202	ROM 记忆错误	ROM 记入失败	重新开机
3203	ROM 消除错误	ROM 消除失败	重新开机

另外，在使用 ITC – 201A 仪器时应注意以下几点：

（1）自然界所产生的负离子是非常不稳定的，会因测试场所的温度、湿度、紫外线等因素，造成每次测量数据的不同。

（2）本产品无防水装置，检测器若不慎掉入水中，请立即拾起并关闭电源。待完全干燥后再开机测试，若动作有异，请与本公司联系。此项目恕不在保修范围内。

（3）在电、磁场强烈处使用或放置，会造成本产品故障，请注意避免。本产品若因摔落或重击而造成外部损坏及无法使用，请与本公司联系。此项目恕不在保修范围内。

（4）本产品请勿在下列情形中使用，如造成故障，恕不在保修范围内：①微尘粒子密度过高的环境，及检测粉体样品。②温度或湿度超过本产品的使用环境限制。

（5）每次使用前，先行测量一低浓度含量（LCD 上显示 LO）的环境，如测量值超出以往正常值，代表该仪器内部需作清洁及内部参数需重新调整。

【注意事项】

使用仪器前需认真阅读附录的仪器说明书，严格按照说明使用仪器。

【作业】

制表比较公园、学校图书馆、公路边和宿舍等地的 CO_2、噪音、空气负离子浓度。

【思考题】

（1）城市环境有什么特点，它与自然环境有何区别？
（2）城市环境污染有哪些？如何防范和治理？

附录 3.1　Testo 815 噪音计使用说明

在本装置投入使用前，请认真阅读本手册，并熟悉本产品的操作和一些重要标识（附表 3.1.1）。请将本手册放在手边，以备必要时参考。

附表 3.1.1　Testo 815 噪音计使用的重要标识

符　号	意　义	备　注
Warnung!	警告：Warning！ 如果没有采取所规定的防范措施，可能会造成严重的人身伤害	认真阅读此警告，并采取所规定的防范措施
Gefahr!	忠告：Caution！ 如果没有采取所规定的防范措施，可能会造成轻微的人身伤害或损坏设备	认真阅读此忠告，并采取所规定的防范措施
!	重要提示	请特别注意
Taste	按键	按下这个键
Text, 🔋	显示的内容	在屏幕上显示文字或符号

1. 安全建议

　　⚡ 避免电气危险：决不能用来测量带电零部件或在带电零部件附近测量！

　　⚠ 产品的安全/保存质保声明如下：

（1）只能在技术参数表中规定的参数下操作本仪器，不得对本仪器施加外力。
（2）不得与溶剂一起保存（比如丙酮）。
（3）遵守最高的保存和运输温度，以及最高的工作温度。
（4）确保不要让液体进入麦克风。
（5）只能按使用说明书中所描述的进行维护操作时才能打开仪器。
（6）仅执行本说明书中所描述的维护和维修工作，严格遵守所规定的步骤。为了安全，只能使用 Testo 815 的原装备件。

（7）如果仪器使用不当或被施加外力，质保将不再有效。

♻ 确定正确操作以下事项：

（1）处置失效的充电电池，并将其放到规定的废电池收集点。

（2）在仪器寿命结束时，请直接将其发给我们，我们将保证按照环保的方式处置它。

2. 预期用途

Testo 815 是一种 2 级声级计，声级测量范围为 32～80 dB、50～100 dB 和 80～130 dB，2 个时间加权，2 个频率加权，1 个最大/最小功能和 1 个三角螺丝。

利用标定器（附件），可以使用所附的调节螺丝刀重新标定仪器。

3. 产品说明

显示屏和操作元件如附图 3.1.1。

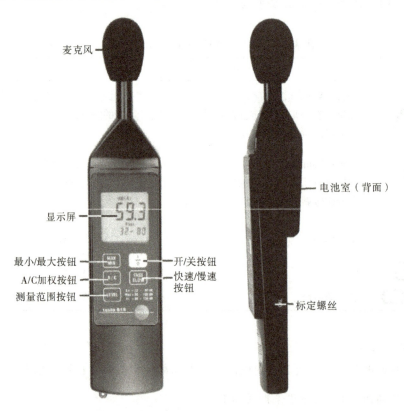

附图 3.1.1　Testo 815 的显示屏和元件说明

4. 初始操作

首先放入电池，操作过程如下：

（1）用螺丝刀打开 testo 815 的背面，卸下其后盖。

（2）电池室位于后盖下面（附图 3.1.2）。

(3) 轻轻提起固定电池的夹子，卸下电池。
(4) 放入新的9V的电池板。确保"+/-"极正确。
(5) 将后盖盖好，并用螺丝刀拧紧。

5．操作

(1) 开/关仪器。

启动仪器时按下 [⏻] 键，所有区域都瞬时点亮，然后仪器转换到测量模式（测量范围32～80 dB）。

关闭仪器时按下 [⏻] 键即可。

附图3.1.2　Testo 815的电池室

(2) 设定仪器。

Testo 815噪音计的功能选项如附表3.1.2。

附表3.1.2　Testo 815仪器的功能设定

功　　能	说　　明	设定选项
时间加权	设定测量时间	快速或慢速
频率加权	设定加权	A 或 C
测量范围	切换测量范围	32～80 dB 50～100 dB 80～130 dB
保持功能	打开 最大保持/最小保持功能	MAX/MIN

1) 设定时间加权：通过按下 键设定测量时间（时间加权）。

SLOW/FAST（慢速/快速）："Slow"（慢速）的时间加权为1 s，而"Fast"（快速）的时间加权为125 ms。收到的声音信号分别在1 s或125 ms的时间内积分。

当设定为"Fast"（快速）时，读数的显示速度提高到每秒钟显示5～6个测量值。对于噪音信号改变缓慢的设备，例如机器、影印机、打印机等等，可选择"Slow"（慢速）加权。在声级突然变化的情况下（例如建筑机械），可选择"Fast"（快速）模式。

2) 设定频率加权：利用 A/C 按钮设定频率加权。

A/C：频率加权可以选择"A"和"C"。频率加权A用于标准的声级测量。这个加权对应着人类可以用耳朵感受到的声音压力，也指"听觉补偿声级"。如果要测量低频的声级，要使用频率加权C。如果在C加权期间的显示值明显高于A加权期间的显示值，就说明低频噪音的声级比较高。

3) 设定测量范围：利用 LEVEL 按钮切换测量范围。

测量范围：Testo 815声级计可测量的范围是32～130 dB。可选择的测量范围有3档：32～80 dB，50～100 dB和80～130 dB。当第一次开机时，仪器处在最低的测量范围 32～80 dB。通过每次激活"LEVEL"按钮可以切换到更高一级的测量范围。从最高一档的测量范围 80～130 dB 可以切换回最低一档的测量范围 32～80 dB。

MAX/MIN：保持功能。使用 [MAX/MIN] 按钮激活最大保持或最小保持功能。当"Max/Min"按钮被激活时，屏幕上显示"Max"。在这种模式下，仪器将从设置了这个模式开始显示声级的最大值。仅当测到了高于先前测量的值时才更新显示。当"Max/Min"按钮被再一次激活时，仪器进入最小保持模式。显示屏上将显示"Min"。

仅当声级低于显示值时更新显示。如果再次激活"Max/Min"按钮，屏幕上 Max/Min 将闪烁。在这种模式下，显示当前值并保存最大或最小值。重新激活"Max/Min"按钮将显示最大值或最小值。为了退出最大最小模式，必须按下"Max/Min"按钮并保持 2 s 钟。

注意：通过激活 Level、Fast/Slow 或 A/C 按钮，可以取消 Max/Min 模式。

（3）测量。

注意：声波可能被墙壁、天花板和其他物体所反射。而且声场内的仪器的外壳和测量人员（如果测量不准）也是影响因素，可能会导致测量结果不正确。

测量误差的产生：仪器的外壳和操作仪器的人员可能不仅会阻碍某个方向的声音，而且还可能会产生反射，从而导致严重的测量误差。实验表明，当测量发生在距离人体不足 1 m 的范围内时，在 400 Hz 的频率下，人体可能会造成高达 6 dB 的误差。在其他频率下，这个误差可能较小，但必须遵守最小距离。一般建议将仪器放在离人体 30～50 cm 的地方更好。

测量过程如下：①启动仪器；②设置测量时间（"FAST/SLOW"）；③设置频率（"A/C"）；④设置测量范围（"Level"）；⑤将麦克风指向待测声音的方向；⑥通过"Max/Min"保存最高和最低值。

绝对压力相关性：Testo 815 默认对 0 m 海拔高度下的测量进行标定。在其他海拔高度下的测量会增大测量误差，但可通过补偿值（附表3.1.3）进行修正。从测量值中减去适当的补偿值（例如在海拔 500 m 下的测量为 -0.1 dB）。每次测量前应在相应的海拔高度下标定仪器，可以避免测量误差。请参考使用说明书中有关标定器的内容。

表 3.1.3　Testo 815 声级计在不同海拔高度的补偿值

海拔高度/m	压力/mbar	补偿/dB
0～250	1 013～984	0.0
250～850	983～915	-0.1
850～1 450	914～853	-0.2
1 450～2 000	852～795	-0.3

防风罩：一般在室外测量期间和空气流动时应该套好提供的防风罩。麦克风上的风声噪音会造成测量误差，因为待测的信号（噪声源）和风声噪音会叠加在一起。

过调制和欠调制：对于每个测量周期，声级计会检查测量的声级是否在各自的有效测量范围内。通过显示屏上的"Over"和"Under"来指示偏移。但是，过调制和欠调制的标准是不一样的。

如果在最后一次测量周期中的最大值（尖峰值，例如短声音脉冲，突然的爆炸声）太大，将会发出过调制信号。这个值可能会比实际显示的声级值明显高很多。因此，即使声级显示在正常的测量范围内，也可能会发生"Over"信号产生的情况。相反，"Under"与测量的实际值对应，因此当达到测量下限时就可以设定。

(4) 标定。

Testo 815 声级计已经在出厂时进行了标定。如果仪器在很长时间内没有使用，为了确保测量精度，特别建议使用标定器重新进行标定。在恶劣的环境下、在较高的高度下、在较高的空气湿度下或者对测量结果要求非常高时，应该使用标定器对 Testo 815 声级计进行检查。

为了标定方便，标定器固定时要转动麦克风。启动声级计，然后将其设定到 50～100 dB 的测量范围，时间加权为"Fast"，频率加权为"A"。

将开关移动到中间位置（94 dB）可以启动标定器。如果声级计与显示值有偏差，利用所提供的调节螺丝刀重新调节。然后检查标定器的第二个声级是否也在 ±0.2 dB 的误差范围内。请注意，要完成这个操作必须先选择相应的测量范围（80～130 dB）。如果显示的数值不在误差范围内，请联系我们的售后服务部门。

6. 注意事项和维护

(1) 更换电池。

如果显示屏上出现电池符号，表示电池还可以使用大约 10 h。为了避免测量失误，请尽快更换电池，更换过程如下：①用螺丝刀拧开 Testo 815 背面的螺丝，然后卸下外壳上的后盖。②电池室位于外壳背面。③取出废电池，插入新的电池。④重新盖好后盖，然后用螺丝刀小心地拧紧。

(2) 麦克风。

一个结实的、长期稳定的测量麦克风位于外壳头部。可以用标定器进行功能测量。外壳可以用酒精（异丙醇）进行清洁。

注意：请确保液体不要流入麦克风。

所附的防风罩也可以使麦克风防尘和防潮。如果麦克风损坏，请联系我们的售后服务部门。

(3) 仪器。

Testo 815 是免维护的，因此没有任何维修间隔的限制。可用湿布清洁外壳，也可以使用稀的家用清洁剂清洁。不得使用腐蚀性清洁剂或溶剂来清洁。

7. 技术参数（附表3.1.4）

附表3.1.4　Testo 815声级计的技术参数

项　　目	数　　值
传感器	1/2英寸驻极体电容测量麦克风
总的测量范围	~130 dB
测量范围	32～80 dB
	50～100 dB
	80～130 dB
频率范围	31.5 Hz～8 kHz
频率加权	A/C
基准频率	1 000 Hz
麦克风的后备阻抗	1kHz时为1 kΩ
绝对压力相关性	-1.6×10^{-3} dB/hPa
时间加权	125 ms（快速）或
	1 s（慢速）
精度	±1.0 dB（基准条件-1 kHz时为94 dB）
显示屏	4位LCD显示屏，高11 mm
分辨率	0.1 dB
显示更新时间	0.5 s
电池	9V电池板（6F 22）
电池寿命	约70 h（碱性锰电池）
三角螺纹	1/4英寸
工作温度	0～40℃
工作湿度	10%～90%相对湿度
保存温度	-10～60℃
保存湿度	10%～75%相对湿度
外壳材料	ABS

8. 附件和备件（附表 3.1.5）

附表 3.1.5　Testo 815 声级计的附件和备件

名　　称	项目编号
Testo 815 声级计	0563 8155
包括电池，使用说明书，螺丝刀，防风罩	
标定器	0554 0452
防风罩	0193 0815
9 V 可充电电池	0515 0025
对可充电电池进行外部充电的充电器	0554 0025
螺丝刀	0554 0818

9. 测量的基本原理

压力和声音：噪声就是在空气中声压的变化。在常规条件下，空气压力为 1.013×10^5 Pa（1 013 mbar），噪声源的声压在空气压力的上下波动。人类的耳朵感受到这些压力波动，然后将它们转换成神经脉冲。耳朵就像具有一个巨大动态范围的压力传感器。能够被人的耳朵听到的最安静的噪声产生的压力波动为 0.000 2 μbar（0 dB），最响的噪声（听到时不会产生疼痛感的）的声压级为 635 μbar（130 dB）。

由于用 mbar 表示这个压力会产生较长的数字，所以使用对数记数法并用级值来计算。按照这种方法，提高 20 dB 的级值对应于压力提高了 10 倍。符合 EN 60651 的声级计测量声级的频率加权实际值，它是在测量期间对转换的总声能的度量。

【参考文献】

[1] 姜乃力. 城市化对大气环境的负面影响及其对策［J］. 辽宁城乡环境科技，1999，19（2）：63－66.

[2] 戴君虎，晏磊. 温室效应及全球变暖研究简介［J］. 世界环境，2001，4：18－21.

实验4　大气污染物中 PM2.5 微颗粒物的检测

【实验目的】

熟悉 PM2.5 激光粉尘仪操作，掌握环境大气污染物的检测技术。了解大气环境中 PM2.5 的现状，以及对人体健康和大气环境质量的影响。

【实验原理】

PM2.5 是指大气中直径小于或等于 2.5 μm 的颗粒物，也称为可入肺颗粒物。它的直径还不到人的头发丝粗细的 1/20。PM2.5 主要来源于日常发电、工业生产、汽车尾气等经过燃烧而排放的残留物。PM2.5 这些可入肺颗粒物虽然只是地球大气成分中含量很少的组分，但它对空气质量和能见度等有重要的影响。与较粗的大气颗粒物相比，PM2.5 粒径小，但是它富含大量的有毒、有害物质，并且在大气中的停留时间长、输送距离远，因而对人体健康和大气环境质量的影响更大。

本实验采用的 LD-5 激光粉尘仪是以激光为光源的光散射式快速测尘仪，可以在连续监测粉尘浓度的同时，收集到颗粒物，并对其成分进行分析，直接读出大气中 PM2.5 的颗粒浓度（mg/m³）。

【仪器与设备】

LD-5 激光粉尘仪。

【方法与步骤】

（一）仪器准备步骤

（1）按照下图检查是否已安装采样滤膜，如果采样滤膜已变成黄褐色，则需要更换滤膜（图4.1）。

（2）打开仪器电源开关，检查电池状态：主菜单下按 测量 键进行测量，屏幕将显

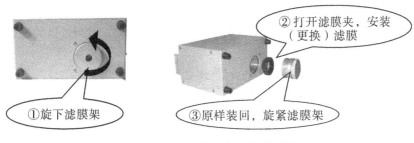

图 4.1　LD-5 激光粉尘仪的滤膜更换过程

示电池状态（再按 测量 键可退出），若电量显示低于 30%，请充电后使用。

（3）校准。仪器出厂时已经校准过，通常半年内无需校准。当认为测量值可疑时，可进行"测量校准"以消除系统误差。为保证记录的信息准确，可定期进行时间校准。当需运用滤膜称重法计算质量浓度时，仪器使用前应进行流量校准。

测量校准的操作如下（图 4.2）：

1）测量-校准切换 钮置于"校准"位置，在一级菜单状态下按 ↑ 或 ↓ 键选择"校准模式"，按 确认 键进入下级菜单，选择"测量校准"后按 确认 键，显示校准提示屏：

2）如实测值与校准值 S 误差超出 ±2% 范围，将专用小改锥插入"校准"微调孔进行调整。达到要求后，按 确认 键退出。

3）校准完成后，将 测量-校准切换 钮恢复到"测量"位置。

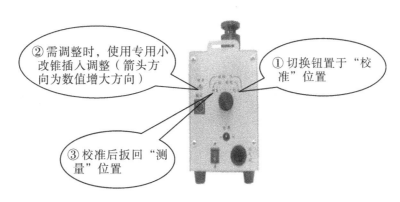

图 4.2　LD-5 激光粉尘仪校准过程

4) 开始测量时，用"选择和调整"键选择所需的工作模式。本机的工作模式有"一般测量"、"劳动卫生"、"连续监测"、"通讯模式"4项，其测量目的见表4.1。

表4.1　LD-5激光粉尘仪的工作模式

选择工作模式	测 量 目 的
一般测量	仅需对粉尘现场进行快速测定
劳动卫生	需测量粉尘时需同时显示 TWA 和 STEL 值
连续监测	需长时间连续监测
通讯模式	需要与 PC 机进行数据交换和数据处理

（二）测量操作步骤

1. 一般测量模式

一般测量模式适用于对现场可吸入颗粒物浓度的快速测定，操作过程如下所述。

（1）选择"一般测量"模式后按 确认 键，显示如下选择菜单屏：

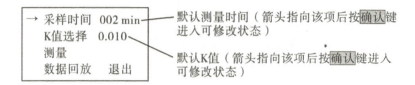

（2）如使用当前参数测量可直接按 测量 键（或用 ↑ ↓ 键选择"测量"后按 确认 键）开始测量。测量显示屏说明如下：

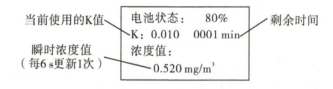

测量结束后，屏幕显示测量期间的平均浓度值。

（3）调整参数时，按住 ↑ 或 ↓ 键不动，可实现快速调整。各参数调整界面说明如下：

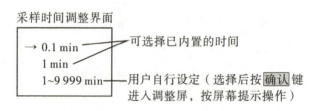

（4）完成时间调整后，将显示量程选择屏：低粉尘浓度环境请选用低量程，高粉尘浓度环境请选用高量程。

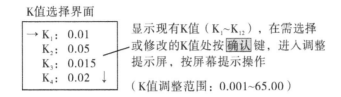

（5）参数调整完成后，按 测量 键（或用 ↑ ↓ 键选择"测量"后按 确认 键）开始测量。测量期间，按 测量 键，可停止测量并显示平均浓度，再按 测量 键则重新开始测量。

（6）数据回放：选择"一般测量"模式后按 确认 键，进入选择菜单，用 ↑ 或 ↓ 键选择"数据回放"，按 确认 键进入回放数据显示屏：

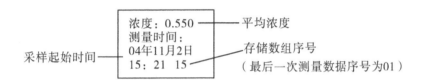

此时按 ↑ 或 ↓ 键可实现数据向前或向后滚动回放。

注意1：可存储（回放）的记录最多99组，超出时，最早记录的数据将被覆盖。

注意2：在回放最新数据（序号为01）时，按 ↓ 键可得知已存数组数量，确定是否需用 PC 机导出或清除。

（7）修正：LD-5 激光粉尘仪的修正功能可有效降低环境相对湿度对测量值的影响，改善高湿度气候环境下测量准确度。使用者可根据测量环境情况，通过按 修正 键启用该功能。使用该功能时请注意以下几点：

1）只有进入"一般测量"、"劳动卫生"、"报警模式"或"连续监测"模式后按 修正 键方可启动自动湿度修正功能，同时屏幕出现"＊"标识。

2）自动修正功能被启动后进行测量，屏幕显示的浓度值为经过湿度修正后的数值。

3）测量开始后（测量当中）不能取消自动湿度修正功能。

4）退出各测量模式后，重新进入时"＊"标识消失。需按 修正 键重新启动，方可进行湿度自动修正。

5）当再次开机，进行重复性测量时，可在主菜单下，直接按 测量 键，此时将按默认设置（前次测量使用的参数）直接进入"一般测量"模式下的测量状态。

2. 劳动卫生模式

当在劳动作业场所进行粉尘浓度检测，并需计算和记录 TWA（时间加权平均浓度）及 STEL（15 min 短时间接触最大浓度）时，使用劳动卫生模式。

该模式测量结束后，将自动保存所显示的数据，最多存储 30 组数据处理结果。可通过选择"数据处理"进行数据回放，也可由 PC 机导出数据。操作过程如下所述。

（1）选择"劳动卫生"模式后按 确认 键，将显示包含默认参数的菜单屏，如使用当前参数测量可直接按 测量 键开始测量。测量显示屏说明如下：

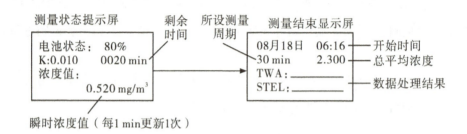

（2）测量期间，按 测量 键可暂停测量，并显示截止到暂停时刻的平均浓度、TWA 及 STEL，再按 测量 键则测量继续进行（暂停时间不计入总时间）。

（3）进入"劳动卫生"模式，用 ↑ 或 ↓ 键选择要调整的参数，按 确认 键进入调整界面，各参数调整界面说明如下：

1) 调整测量周期，测量周期的设定应不小于 15 min。

在二级菜单中选择"测量周期"后按 确认 键进入该参数调整界面，按屏幕提示操作（按住 ↑ 或 ↓ 键不动，可快速调整），最大设定范围为 1 440 min。

2) 调整 K 值，K 值的范围为 0.001～65.00。

在二级菜单中选"K 值选择"项，按 确认 键进入如下调整界面：

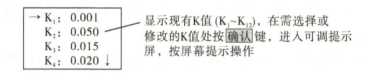

3) 参数调整完毕，直接按 测量 键可开始测量。

（4）测量结束后，自动保存所使用的参数和数据处理结果（所显示的参数和数据），该数据可通过"数据处理"方式回放（最多 30 组数据），亦可通过 PC 机读取。

除保留上述数据外，同时还保存最后一次测量的一组每分钟浓度值（以 CPM 表示），最多保存 1 440 个数据（24 h）。该数据必须导入计算机方可读出，当开始新的测量，原数据将被覆盖。

（5）数据处理。选择"劳动卫生"模式后按 确认 键进入二级菜单，选择"数据处理"，可回放数据，回放屏说明如下：

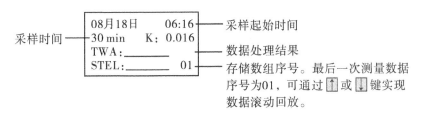

注意1：该数据组可使用通讯软件导出到PC机中保存。

注意2：最多30组，超出时，最早记录的数据组将被覆盖。在回放数据序号为01时，按 ↓ 键可得知已存数组数量，确定是否需PC机导出。

3．连续监测模式

当需要对公共场所、劳动作业场所进行长时间连续监测其可吸入颗粒物浓度时，使用连续监测模式。在本工作模式，每一次测量后将自动存储，该段数据必须导入计算机方可读出。操作过程如下所述。

（1）在主菜单下，选择"连续监测"模式（主菜单第2屏），按 确认 键，进入"设置"和"测量"选择屏，此时，选择"测量"或按 测量 键可按默认设置（上次测量设置值）进行测量。

（2）测量期间按 测量 键可暂停测量，并显示当时状态，再按 测量 键则测量继续进行（暂停时间不计入总时间），按 确认 键可返回选择界面。如果2次测量的间距较长，会出现待机显示。显示屏说明如下：

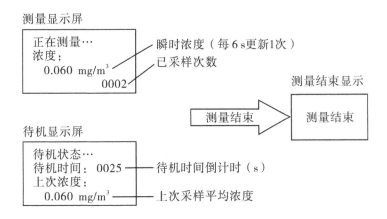

（3）测量结束后，自动保存数据，按 确认 键返回上级菜单。

（4）查看或重新设置参数后，测量的操作步骤如下：

1）由主菜单进入"连续监测"模式，在"设置"和"测量"选择屏中选择"设置"后按 确认 键，显示参数设置提示屏：

```
参数设置屏
→ 测量时间：0060 s —— 每次采样时间（s），可调范围 1~9 999 s
   待机时间：0030 s —— 2次采样的时间间隔（s），可调范围 0~9 999 s
   采样次数：0003  —— 监测期间的总采样次数，可调范围 1~9 999 次
   K 值设定：0.001 —— 现场K值，可调范围 0.001~65.00
```

2）在需修改的参数处按 确认 键，进入调整提示屏，按屏幕提示操作（按住 ↑ 或 ↓ 键不动，可快速调整）。完成 K 值设定后，程序自动返回"设置"和"测量"选择屏。选择"测量"或按 测量 键进行测量。

注意：进入"设置"菜单后，按 测量 键可快速退出"设置"菜单。

4．通讯模式

当需要与 PC 机进行数据交换，或使用 PC 机对监测数据进行分析和处理时，请选择通讯模式。

"一般测量"、"劳动卫生"及"连续监测"模式下的测量数据，均可导入 PC 机进行保存和处理。采用通讯模式需要具备如下四个条件：

（1）首先需在 PC 机上安装专用软件（专用通讯线及 PC 机专用软件为选配件）。

（2）在断电状态用通讯专用线将粉尘仪输出接口与 PC 机串口相连接，然后打开 PC 机。

（3）运行 PC 机软件后，打开粉尘仪电源，粉尘仪选择"通讯模式"（主菜单第 2 屏），按 确认 键进入通讯模式。

（4）使用 PC 机软件界面操作。

5．充电模式

当仪器电量过低报警时，请及时进入"充电模式"充电，电池充满后（约需 5.5 h）声音提示，充电完全的电池可连续使用约 8 h。

当开机后仪器无任何显示（未接外接电源时），表明电池已过放电，请接上电源适配器在关机状态下充电 10 min 以上再进入"充电模式"（开机）正常充电。

注意 1：进入充电模式后，如果未连接电池，则有声音报警，提示检查电池连接。

注意 2：电池状态以百分比形式表示，该值仅供参考。

注意 3：由于电池有一定的自放电，仪器不使用时，也应定期充电，建议充电周期为 1~2 月。

6．报警模式

当需要快速检测公共场所、劳动作业场所的可吸入颗粒物浓度是否超标时，使用报警模式。测量过程中若粉尘浓度超出设定阈值，仪器自动报警。操作过程如下所述：

（1）在主菜单下，选择"报警模式"（主菜单第 2 屏），进入报警设置菜单屏，显示默认参数值，此时按 测量 键（亦可用 ↑ 或 ↓ 键选择"运行"），可按默认设置进行

测量。如需修改参数，用 ↑ 或 ↓ 键选择要修改的参数，按 确认 键进入修改提示屏进行修改，参数显示屏说明如下：

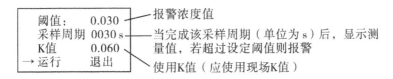

（2）完成设置，按测量键（亦可用 ↑ 或 ↓ 键选择"运行"）开始测量。如浓度超标，则在完成采样周期后，以蜂鸣声报警。

（3）测量期间按 测量 键可停止测量，再按 测量 键则重新开始测量。

（二）检测内容

（1）检测实验室室内和实验大楼外 2 至 4 个空旷地点的空气中的 PM2.5 颗粒浓度（mg/m³）。

（2）检测燃烧秸秆、报纸等废物时烟雾中的 PM2.5 颗粒浓度（mg/m³）。

（3）检测汽车排放尾气中的 PM2.5 颗粒浓度（mg/m³）。

（三）常见故障处理

LD-5 激光粉尘仪的常见故障和处理方式见表 4.2。

表 4.2 LD-5 激光粉尘仪的故障及处理

故障	原因	处理
打开电源，显示屏无显示	①电池耗尽 ②电源适配器故障	①电池已经处于过放电状态，连接充电器在仪器电源开关于"关闭"位置下充电 10 min 以上，然后按要求正常充电 ②更换电源适配器
刚开始充电就报警	充电电池过放电	关闭仪器电源，接上电源适配器充电 10 min 后，再按要求充电
仪器校准调不到 S ± 2% S 的范围内	①电量不足 ② 测量-校准切换 钮未放在正确位置 ③激光管损坏 ④仪器内部污染，灵敏度下降	①充电或委托厂家更换电池 ②将 测量-校准切换 钮拧到正确位置，重新校准 ③委托厂家修理 ④委托厂家清理仪器内部

【作业】

详细记录各项检测结果，列表整理得到的检测数据，并加以分析。

【思考题】

(1) PM2.5 来源于哪些途径，有何污染特征？
(2) 浅谈 PM2.5 对环境的影响，以及对人体的危害。

附录 4.1 LD-5 激光粉尘仪介绍

LD-5 激光粉尘仪是具有国际先进水平的新型内置滤膜在线采样器的微电脑激光粉尘仪。在连续监测粉尘浓度的同时，可收集到颗粒物，以便对其成分进行分析，并求出质量浓度转换系数 K 值。仪器采用了强力抽气泵，使其更适合于需配备较长采样管的中央空调排气口 PM10 可吸入颗粒物浓度的检测，和对 PM2.5 可吸入尘的监测。

1. 仪器的主要技术特点

(1) 直接读质量浓度 mg/m^3（使用检测现场浓度转换系数 K 值）。
(2) 内置 φ40 mm 滤膜，可在监测颗粒物浓度的同时收集粉尘样品。
(3) 有 PM10、PM5 及 PM2.5、PM1、TSP 切割器及总尘采样器可供选择。
(4) 带有自校准系统，可有效消除仪器的系统误差。
(5) 具有光路自清洗系统，避免粉尘对仪器核心部件的污染。
(6) 多种工作模式，可直接读 TWA 和 STEL。可根据设定时间定时启动采样，所得数据可存贮、回放或导入 PC 机并进行数据处理、打印表格和曲线。
(7) 内置强力抽气泵，更适合于需配备较长采样管的采样场合（如中央空调排气口可吸入颗粒物浓度的检测）。也可以用于管道尘测量。
(8) 可以选配多种数据输出接口。

2. 主要技术指标

(1) 检测灵敏度（相对于校正粒子）：1 CPM = 0.01 mg/m^3（高灵敏：1 CPM = 0.001 mg/m^3）。
(2) 测量范围（相对于校正粒子）：(0.01~100) mg/m^3（高灵敏：0.001~10 mg/m^3）。
(3) 测定时间：0.1 min，1 min（标准测量时间），及 1~9 999 min 任意设定。
(4) 测量准确度：±10%。
(5) 显示屏：汉字提示屏。
(6) 连续监测：可设定测量时间 1~9 999 s，待机时间 0~9 999 s，采样次数 1~9 999 次。
(7) 存贮。

一般测量：循环存储 99 组数据（可由仪器回放，亦可 PC 机读取），每组包括质量浓度，测量日期，测量时间，记录序号。

劳动卫生：循环存储30组数据，可由仪器回放，亦可PC机读取。每组包括采样日期，采样开始时间，使用K值，测量周期，TWA值，STEL值和记录序号。同时保留最新一次测量的每分钟所测浓度值（以CPM表示），最多1 440个数值（24 h），该组数据只能通过PC机读取。

连续监测：最多存储9 999个浓度值，只能通过PC机读取。

（8）报警模式：可设定报警浓度阈值，超过该阈值时声音报警。

（9）可以选配多种输出接口：0～1 V电压输出，4～20 mA电流输出，RS232或RS485输出。

（10）电源：Ni-MH充电电池组1.2V×6，充电完全的电池可连续使用8 h，附220VAC/15VDC电源适配器。

3. 仪器各部的名称及功能，如附图4.1.1和附图4.1.2

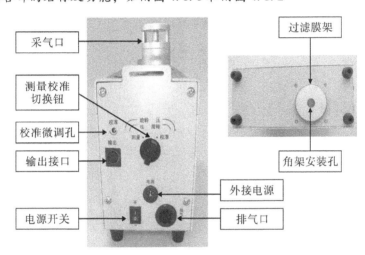

附图4.1.1　LD-5激光粉尘仪的侧面

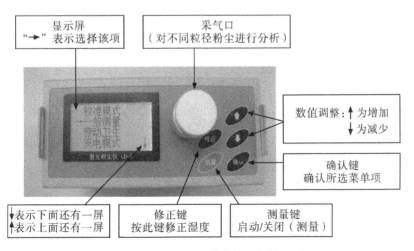

附图4.1.2　LD-5激光粉尘仪的正面

【参考文献】

[1] 林治卿,袭著革,杨丹凤,等. PM2.5 的污染特征及其生物效应的研究进展[J]. 解放军预防医学杂志,2005,23(2):150-152.

[2] 林铁戢,朱宏. 细颗粒物(PM2.5)对呼吸系统的毒害作用[J]. 毒理学杂志,2005(2):146-148.

[3] 杨洪斌,邹旭东,汪宏宇,等. 大气环境中 PM2.5 的研究进展与展望[J]. 气象与环境学报,2012(3):77-82.

实验 5 甲醛含量的测定

甲醛（HCHO）为无色气体，有特殊的刺激气味。甲醛对人体健康的危害包括嗅觉异常、刺激、过敏、肺功能异常、肝功能异常、免疫功能异常、中枢神经系统受影响，还可损伤细胞内的遗传物质。甲醛已经被世界卫生组织确定为致癌和致畸物质，是公认的变态反应源，也是潜在的强致突变物之一。

【实验目的】

锻炼学生的实验动手能力，掌握我国对甲醛释放规定的监测与评价的方法。培养学生能够设计合理的实验方案，包括在实验设计时要考虑对象生物和可利用的时间、空间、材料和经费。

甲醛测定的方法有很多，此处介绍其中三种检测方法：居住区大气中甲醛卫生检验标准方法——分光光度法（GB/T 16129—1995）、公共场所空气中甲醛测定方法（GB/T 18204.26—2000）和甲醛测定仪测定方法。

实验 5.1 居住区大气中甲醛卫生检验标准方法：分光光度法

【实验原理】

空气中甲醛与 4-氨基-3-联氨-5-巯基-1,2,4-三氮杂茂（Ⅰ）在碱性条件下缩合（Ⅱ），然后经高碘酸钾氧化成 6-巯基-5-三氮杂茂〔4,3-b〕-S-四氮杂苯（Ⅲ）紫红色化合物，其色泽深浅与甲醛含量成正比。

【实验材料】

居住区的空气。

【仪器与设备】

9～11 L 干燥器，分光光度计（具有 550 nm 波长，并配有 10 mm 光程的比色皿），40 L 干燥器，5 mL 和 10 mL 有刻度气泡吸收管，空气采样器（流量范围 0～2 L/min），10 mL 具塞比色管。

【方法与步骤】

1. 试剂配制

本法所用试剂除注明外，均为分析纯。所用水均为蒸馏水。

（1）吸收液：称取 1 g 三乙醇胺，0.25 g 偏重亚硫酸钠和 0.25 g 乙二胺四乙酸二钠溶于水中并稀释至 1 000 mL。

（2）0.5% 4-氨基-3-联氨-5-巯基-1，2，4-三氮杂茂（AHMT）溶液：称取 0.25 g AHMT 溶于 0.5 mol/L 盐酸中，并稀释至 50 mL，此试剂置于棕色瓶中，可保存半年。

（3）5 mol/L 氢氧化钾溶液：称取 28.0 g 氢氧化钾溶于 100 mL 水中。

（4）1.5% 高碘酸钾溶液：称取 1.5 g 高碘酸钾溶于 0.2 mol/L 氢氧化钾溶液中，并稀释至 100 mL，于水浴中加热溶解，备用。

（5）硫酸（$\rho = 1.84$ g/mL）。

（6）30% 氢氧化钠溶液。

（7）1 mol/L 硫酸溶液。

（8）0.5% 淀粉溶液。

（9）0.100 0 mol/L 硫代硫酸钠标准溶液。

（10）0.050 0 mol/L 碘溶液。

（11）甲醛标准贮备溶液：取 2.8 mL 甲醛溶液（含甲醛 36%～38%）于 1 L 容量瓶中，加 0.5 mL 硫酸并用水稀释至刻度，摇匀。其准确浓度用下述碘量法标定。

2. 甲醛标准贮备溶液的标定

精确量取 20 mL 甲醛标准贮备溶液，置于 250 mL 碘量瓶中。加入 20 mL 的 0.05 mol/L 碘溶液和 15 mL 的 1 mol/L 氢氧化钠溶液，放置 15 min。加入 20 mL 的 0.5 mol/L 硫酸溶液，再放置 15 min。硫代硫酸钠滴定至溶液呈现淡黄色时，加入 1 mL 的 0.5% 淀粉溶液，继续滴定至蓝色刚消失为终点，记录所用硫代硫酸钠溶液体积。同时用水作试剂空白滴定。甲醛溶液的浓度用公式①计算。

$$C = (V_1 - V_2) \times M \times 15/20 \qquad ①$$

式中：

C——甲醛标准贮备溶液中甲醛溶液，mg/mL；

V_1——滴定空白时所用硫代硫酸钠标准溶液体积，mL；

V_2——滴定甲醛溶液时所用硫代硫酸钠标准溶液体积，mL；

M——硫代硫酸钠标准溶液的摩尔浓度；

15——甲醛的换算值。

取上述标准溶液稀释10倍作为贮备液，此溶液置于室温下可使用1个月。

3. 甲醛标准溶液

用时取上述甲醛贮备液，用吸收液稀释成1.00 mL含2.00 μg甲醛。

4. 采样

用一个内装5 mL吸收液的气泡吸收管，以1.0 L/min流量，采气20 L。并记录采样时的温度和大气压力。

5. 分析步骤

（1）标准曲线的绘制：用标准溶液绘制标准曲线。取7支10 mL具塞比色管，按表5.1制备标准色列管。

表5.1 甲醛系列标准溶液配制

管 号	0	1	2	3	4	5	6
标准溶液/mL	0.0	0.1	0.2	0.4	0.8	1.2	1.6
吸收溶液/mL	2.0	1.9	1.8	1.6	1.2	0.8	0.4
甲醛含量/μg	0.0	0.2	0.4	0.8	1.6	2.4	3.2

各管加入1.0 mL的5 mol/L氢氧化钾溶液，1.0 mL的0.5% AHMT溶液，盖上管塞，轻轻颠倒混匀3次，放置20 min。加入0.3 mL 1.5%高碘酸钾溶液，充分振摇，放置5 min。用10 mm比色皿，在波长550 nm下，以水作参比，测定各管吸光度。以甲醛含量为横坐标，吸光度为纵坐标，绘制标准曲线并计算回归线的斜率，以斜率的倒数作为样品测定计算因子B_s（微克/吸光度）。

（2）样品测定。采样后，补充吸收液到采样前的体积。准确吸取2 mL样品溶液于10 mL比色管中，按制作标准曲线的操作步骤测定吸光度。

在每批样品测定的同时，用2 mL未采样的吸收液，按相同步骤作试剂空白值测定。

6. 结果计算

（1）将采样体积按公式②换算成标准状况下的采样体积。

$$V_0 = V_t \times T_0 / (273 + t) \times P/P_0 \quad ②$$

式中：

V_0——标准状况下的采样体积，L；

V_t——采样体积，L；

t——采样时的空气温度，℃；

T_0——标准状况下的绝对温度，273 K；

P——采样时的大气压，kPa；

P_0——标准状况处的大气压力，101.3 kPa。

（2）空气中甲醛浓度按公式③计算。

$$C = (A - A_0) \times B_s / V_0 \times V_1 / V_2 \qquad ③$$

式中：

C——空气中甲醛浓度，mg/m^3；

A——样品溶液的吸光度；

A_0——试剂空白溶液的吸光度；

B_s——计算因子，微克吸光值；

V_0——标准状况下的采样体积，L；

V_1——采样时吸收液体积，mL；

V_2——分析时取样品体积，mL。

7. 方法特性

（1）灵敏度：本法标准曲线的直线回归后的斜率为 0.175 吸光度。

（2）检出限：3 个实验室测定本法检出限的平均值为 0.13 μg。

（3）重现性：当甲醛含量为 1.0、2.0、3.0 μg/mL 时，3 个实验重复测定的变异系数的平均值分别为 3.3%、3.0%、2.6%。

（4）回收率：其回收率范围为 93%～99%，平均回收率为 97%。

实验 5.2　公共场所空气中甲醛测定方法：酚试剂分光光度法

【实验原理】

空气中的甲醛与酚试剂反应生成嗪，嗪在酸性溶液中被高铁离子氧化形成蓝绿色化合物。根据颜色深浅，比色定量。

【实验材料】

用一个内装 5 mL 吸收液的大型气泡吸收管，以 0.5 L/min 流量，采气 10 L。并记录采样点的温度和大气压力。室温条件下，采样后样品应在 24 h 内分析。

【仪器与设备】

大型气泡吸收管（出气口内径为 1 mm，出气口至管底距离等于或小于 5 mm），恒流采样器（流量范围 0～1 L/min，流量稳定可调，恒流误差小于 2%，采样前和采样后应用皂沫流量计校准采样系列流量，误差小于 5%），具塞比色管（10 mL），分光光度计（在 630 nm 测定吸光度）。

【方法与步骤】

1. 试剂配制

本法中所用水均为重蒸馏水或去离子交换水；所用的试剂纯度一般为分析纯。

（1）吸收液原液：称量 0.10 g 酚试剂 [$C_6H_4SN(CH_3)C:NNH_2 \cdot HCl$，NBTH]，加水溶解，倾于 100 mL 具塞量筒中，加水到刻度。放冰箱中保存，可稳定 3 天。

（2）吸收液：量取吸收原液 5 mL，加 95 mL 水，即为吸收液。采样时，临用现配。

（3）1% 硫酸铁铵溶液：称量 1.0 g 硫酸铁铵 [$NH_4Fe(SO_4)_2 \cdot 12H_2O$] 用 0.1 mol/L 盐酸溶解，并稀释至 100 mL。

（4）碘溶液 [$C(1/2 \cdot I_2) = 0.1000$ mol/L]：称量 30 g 碘化钾，溶于 25 mL 水中，加入 127 g 碘。待碘完全溶解后，用水定容至 1 000 mL。移入棕色瓶中，暗处贮存。

（5）1 mol/L 氢氧化钠溶液：称量 40 g 氢氧化钠，溶于水中，并稀释至 1 000 mL。

（6）0.5 mol/L 硫酸溶液：取 28 mL 浓硫酸缓慢加入水中，冷却后，稀释至 1 000 mL。

（7）硫代硫酸钠标准溶液 [$C(Na_2S_2O_3) = 0.1$ mol/L]：可用从试剂商店购标准试剂。

（8）0.5% 淀粉溶液：将 0.5 g 可溶性淀粉，用少量水调成糊状后，再加入 100 mL 沸水，并煎沸 2～3 min 至溶液透明。冷却后，加入 0.1 g 水杨酸或 0.4 g 氯化锌保存。

（9）甲醛标准贮备溶液：取 2.8 mL 含量为 36%～38% 甲醛溶液，放入 1 L 容量瓶中，加水稀释至刻度。此溶液 1 mL 约相当于 1 mg 甲醛。其准确浓度用下述碘量法标定。

甲醛标准贮备溶液的标定：精确量取 20.00 mL 待标定的甲醛标准贮备溶液，置于 250 mL 碘量瓶中。加入 20.00 mL [$C(1/2 \cdot I_2) = 0.1000$ mol/L] 碘溶液和 15 mL 的 1 mol/L 氢氧化钠溶液，放置 15 min 后加入 20 mL 的 0.5 mol/L 硫酸溶液，再放置 15 min，用硫代硫酸钠溶液 [$C(Na_2S_2O_3) = 0.1000$ mol/L] 滴定至溶液呈现淡黄色时，加入 1 mL 的 5% 淀粉溶液继续滴定至恰使蓝色褪去为止，记录所用硫代硫酸钠溶液体积（V_2，mL）。同时用水作试剂空白滴定，记录空白滴定所用硫化硫酸钠标准溶液的体积（V_1，mL）。甲醛溶液的浓度用公式①计算：

甲醛溶液浓度（mg/mL）= $(V_1 - V_2) \times N \times 15/20$　　　　　①

式中：

V_1——试剂空白消耗硫代硫酸钠溶液 [$C(Na_2S_2O_3) = 0.1000$ mol/L] 的体积，mL；

V_2——甲醛标准贮备溶液消耗硫代硫酸钠溶液 [$C(Na_2S_2O_3) = 0.1000$ mol/L] 的体积，mL；

N——硫代硫酸钠溶液的准确当量浓度；

15——甲醛的当量；

20——所取甲醛标准贮备溶液的体积,mL。

2次平行滴定误差应小于0.05 mL,否则重新标定。

(10) 甲醛标准溶液:临用时,将甲醛标准贮备溶液用水稀释成每毫升含10 μg甲醛。立即取此溶液10.00 mL,加入100 mL容量瓶中,加入5 mL吸收原液,用水定容至100 mL,此溶液每毫升含1.00 μg甲醛,放置30 min后,用于配制标准色列管。此标准溶液可稳定24 h。

2. 标准曲线的绘制

取10 mL具塞比色管,用甲醛标准溶液按表5.2制备标准系列。

表5.2 甲醛系列标准溶液配制

管　号	0	1	2	3	4	5	6	7	8
标准溶液/mL	0	0.10	0.20	0.40	0.60	0.80	1.00	1.50	2.00
吸收液/mL	5.0	4.9	4.8	4.6	4.4	4.2	4.0	3.5	3.0
甲醛含量/μg	0	0.1	0.2	0.4	0.6	0.8	1.0	1.5	2.0

各管中,加入0.4 mL 1%硫酸铁铵溶液,摇匀。放置15 min后用1 cm比色皿,在波长630 μm下,测定各管溶液的吸光度。以水作参比,以甲醛含量为横坐标,吸光度为纵坐标,绘制曲线并计算回归斜率,以斜率倒数作为样品测定的计算因子B_s(微克/吸光度)。

3. 样品测定

采样后,将样品溶液全部转入比色管中,用少量吸收液洗吸收管,合并使总体积为5 mL。按绘制标准曲线的操作步骤测定吸光度(A);在每批样品测定的同时,用5 mL未采样的吸收液作空白试剂,测定空白试剂的吸光度(A_0)。

4. 结果计算

(1) 将采样体积按公式②换算成标准状态下采样体积

$$V_0 = V_t \cdot T_0 / (273 + t) \cdot P/P_0 \qquad ②$$

式中:

V_0——标准状态下的采样体积,L;

V_t——采样体积,L;采样体积 = 采样流量(L/min)×采样时间(min);

t——采样点的气温,℃;

T_0——标准状态下的绝对温度273 K;

P——采样点的大气压力,kPa;

P_0——标准状态下的大气压力,101 kPa。

(2) 空气中甲醛浓度按公式③计算

$$C = (A - A_0) \times B_s / V_0 \qquad ③$$

式中:

C——空气中甲醛,mg/m³;

A——样品溶液的吸光度;
A_0——空白溶液的吸光度;
B_s——计算因子,微克/吸光度;
V_0——换算成标准状态下的采样体积,L。

5. 测量范围、干扰和排除

(1) 测量范围:用 5 mL 样品溶液,本法测定范围为 0.1～1.5 μg;采样体积为 10 L 时,可测浓度范围 0.01～0.15 mg/m³。

(2) 灵敏度:本法灵敏度为 2.8 微克/吸光度。

(3) 检出下限:0.056 μg 甲醛。

(4) 干扰及排除:10 μg 酚、2 μg 醛以及二氯化氮对本法无干扰。二氧化硫共存时,使测定结果偏低。因此对二氧化硫干扰不可忽视,可将气样先通过硫酸锰滤纸过滤器,予以排除。

(5) 再现性:当 5 mL 样品中的甲醛含量为 0.1,0.6,1.5 μg 时,重复测定的变异系数为 5%、5%、3%。

(6) 回收率:当 5 mL 样品中的甲醛含量 0.4～1.0 μg 时,样品(加标准样品)的回收率为 93%～101%。

实验5.3 甲醛分析仪测定方法

【实验原理】

4160-2 型甲醛分析仪是一种电化学气体检测仪器,它是在控制扩散的条件下运行的。检测时,样气的气体分子被吸收到电化学敏感电极,经过扩散介质后,在适当的敏感电极电位下气体分子发生电化学反应,这一反应产生一个与气体浓度成正比的电流,这一电流转换为电压值并送给仪表读数或记录仪记录。其计算公式如下:

$$i_{\lim} = \frac{nFADC}{\delta}$$

式中:
$i_{\lim}$——电流(扩散限定电流 $i_{\lim}$ 是直接与气体浓度成正比的),A;
F——法拉第常数,96 500 C/mol;
A——界面面积,cm²;
n——每摩尔反应物的电子数;
δ——扩散长度;
C——气体浓度,mol/cm³。
D——气体扩散常数,代表扩散介质中气体渗透率因素和溶解度因素的乘积。

外部电压偏置在敏感电极上维持一个恒定的电位,这个电位以二电极 INTERSCAN

传感器中的不可极化的参考反电极为基准。"不可极化的"指的是反电极能维持一个电流流动而不受电位变化的影响。这样，反电极也用作参考电极，所以就不需要第三个电极和回馈电路。而其他传感器则需要用一个可极化的空气反电极。

【仪器与设备】

4160-2型甲醛分析仪。

【方法与步骤】

1. 检查电池

使用仪器时，按如下程序检查电池电量：

（1）功能开关旋到BAT. TEST A位置，显示值低于1.00则需要充电。

（2）功能开关旋到BAT. TEST B位置，显示值低于1.00则需要更换碱性电池。

（3）如以上两档均高于1.00，则可继续下一步骤。

2. 仪器调零

步骤如下：

（1）在测量现场打开仪器电源，将功能开关旋到SAMPLE位置，仪器稳定运行15 min后开始调零。

（2）将C-12过滤器两头的红色塞子取下，将连接软管粗的一端接C-12过滤器的一端，将细的一端用力插入仪器背面的进气口（IN）（图5.1）。

图5.1　C-12过滤器的连接

（3）用手指堵住C-12过滤器的前端（时间不要超过2 s，否则会造成传感器中的液体被抽出进入泵体），如听到泵的声音明显减慢（几乎停止），则系统气密性正常；否则需检查各接口处连接。

（4）仪器读数稳定后，调整ZERO旋钮使显示为"0.00"。调零后取下C-12过滤器，并用红色塞子塞住两端。

注意1：采气管的软管端在拔出仪器背面的进气口时，需先用手按住进气口处圆形的灰色卡子，再往外拔软管即可。

注意2：C-12过滤器多次使用或在高浓度环境中使用后，过滤器吸入甲醛可能已经饱和，导致吸附能力下降会影响检测精度。此时需要重新活化过滤器中活性炭，方法如下：①将C-12过滤器两端红色塞子拔出，放入干燥箱（不能使用烤箱、微波炉）中，设定40 ℃，烘烤30 min。②如没有干燥箱，也可将红色塞子拔出后，放置阳光下暴晒2 h左右。③建议每2年更换1支C-12过滤器。如过滤器中的活性炭有撒漏，则必须更换。

3. 甲醛检测

检测过程的步骤如下：

(1) 将带塑料螺母卷曲管连接到白色采样手柄上,将卷曲管另一端接到仪器背面的进气口(IN)(图5.2)。

(2) 将采样手柄指向被测区域,待数值稳定后即可读取测量结果。

(3) 短时间内测量其他房间时,如外界环境差异不大(温湿度、气压等)可直接检测,不必重复调零过程。

图 5.2 塑料螺母卷曲管的连接

由于4160型甲醛分析仪具有非常高的灵敏度和分辨率(可检测并分辨出亿分之一的甲醛含量),同所有精密仪器一样,在使用时都要求排除环境影响,以保证仪器检测结果的准确性。

4. 甲醛浓度换算公式

$$甲醛浓度(mg/m^3) = 体积比浓度(ppm) \times M/B$$

式中:

B——当前状态下气体的摩尔体积(例如0℃,101.3 kPa时,$B = 22.4$ L);

M——被测物质的相对分子质量(例如甲醛 HCHO 的相对分子质量 $M = 30$,其中 $H = 1$,$C = 12$,$O = 16$)。

由上式可以得出:0 ℃时,0.10 mg/m³ 的甲醛相当于 0.07 ppm。

【注意事项】

(1) 按照国家标准 GB/T 18883—2002 室内空气质量标准:采样前关闭门窗12 h,采样时关闭门窗;采样点应避开通风口,离墙壁距离大于 0.5 m;相对高度 0.5～1.5 m。

(2) 因室内环境中甲醛浓度很低,所以采样时应尽量避免空气的流动(如人员走动、空调通风等)。

(3) 不要在检测环境内吸烟(香烟燃烧时释放甲醛)。

(4) 4160 - 2 甲醛分析仪的传感器对人呼出的气体较为敏感,测量时不要将采样手柄指向人的口鼻附近。

【作业】

测定室内外和家具中的甲醛含量,并进行比较分析。

【思考题】

(1) 比较测定甲醛的各种方法的优缺点。

(2) 除了上面介绍的几种测定甲醛的方法,还有哪些测定方法?

附录

附录 5.1 4160-2 甲醛分析仪及其维护

4160-2 型甲醛分析仪是高灵敏度的检测仪器,根据气体的类型,其灵敏度大于扩散性传感器的 50～200 倍。可以测量非常低的值,这对于测量低浓度气体是重要的条件。

1. 4160-2 型甲醛分析仪技术参数(附表 5.1.1)

附表 5.1.1 4160-2 型甲醛分析仪技术参数

显 示	数 字 显 示
量程	0～19.99 ppm
精度	±2% Rd ±0.01 ppm
重复性	±0.5% F.S.
最小检出	0.01 ppm
线性度	±1% F.S.
零点漂移	±1% F.S.(24 h)
跨度漂移	±1% F.S.(24 h)
响应时间	<60 s
延迟时间	<1 s
体积	178 mm×102 mm×225 mm
重量	2 kg

2. 4160-2 型甲醛分析仪前面板及功能键说明(附图 5.1.1,附表 5.1.2)

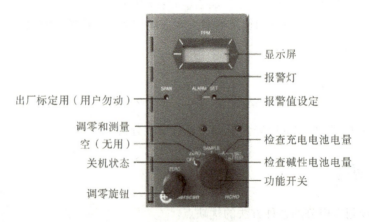

附图 5.1.1 4160-2 型甲醛分析仪前面板

附表 5.1.2　4160-2 型甲醛分析仪前面板按钮说明

按　　钮	说　　明
ALARM（报警灯）	当测量值超过报警设定点时，灯会闪烁
SET（报警设定）	用改锥调节电位器，把报警点设在需要的 ppm 数值上（平时不需调节）
声音报警	当测量值超过报警点时会发出报警声
SPAN（跨度校准）	用改锥调节电位器，在校准仪器时可使读数调到相应地校准气的浓度（请勿自行调节）
功能开关	旋转此开关有以下作用
OFF	电源关闭
ZERO	电源打开，无实际作用
SAMPLE	泵打开，在此位置上仪器可以调零、测量和校准
BAT. TEST A	开关拨到此位置显示镍镉电池的电量，这组电池为泵、报警器供电
BAT. TEST B	在显示屏上显示 2 号碱性电池的电量。这组电池为电路及传感器供电，不能充电

3. 4160-2 型甲醛分析仪后面板功能键说明

4160-2 型甲醛分析仪后面板功能键说明如附图 5.1.2。其中，进气口（IN）可接 1/4 英寸采气管；出气口（OUT）可接 1/4 英寸采气管（可不接）；充电插孔（3.5 mm）可接 DC 8V，300 mA 充电器。

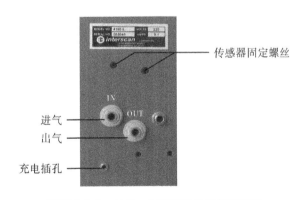

附图 5.1.2　4160-2 型甲醛分析仪后面板

4. 传感器注水维护

甲醛分析仪传感器注水维护非常重要，该仪器长期存放和使用后，需要定期加注去离子水进行维护、保养。通常每 2～3 个月需要检查传感器重量，以确认是否需要注水。在高浓度甲醛环境以及干燥环境中可能加剧传感器失水，请定期检查。如果传感器长期不进行注水维护，会对传感器造成损害，比如响应时间变长，灵敏度下降。失水超过 25 g，可能造成传感器报废。注水操作可采用如下两种方法。

方法一：关闭仪器电源，用十字改锥拆下仪器右侧面板最左边的两个螺钉，即可打开仪器右侧面板，在仪器的后上部可以看到黑色圆柱体传感器。拔下连接传感器的两根信号线和进出气管，再用改锥拆下仪器后面板最上方的两个螺钉（附图5.1.3），即可取出传感器。将传感器称重，传感器侧面标签上注有传感器重量（250 g 左右）。失水超过 10 g 即需要注水，注入去离子水的重量应等于传感器减少的重量。

附图 5.1.3　4160-2 甲醛分析仪的传感器注水孔

拔下传感器注水孔上的红色塞子，用仪器箱中附带的塑料注射器吸入等量的去离子水（1 mL 约为 1 g），将水慢慢喷入注水孔（切勿将针头插进注水,孔注水过量会损坏传感器）。将传感器装回原位置（注水孔向外侧），并拧好后面板的固定螺钉。将两根信号线插回原位置，注意塑料方块的接头要将有线的一侧插入。分别接好传感器的进气管和出气管，注意连接紧密。合上右侧面板，拧紧固定螺丝。

方法二：在完成一次完整注水过程后，立即将整台仪器称重，并将该重量记录下来。定期检查整机重量，与原始记录的差值即为传感器的缺水重量（更换碱性电池后，需重新称量）。

打开仪器右侧面板，拔下传感器注水孔上的红色塞子，直接用塑料注射器注入等量的去离子水（附图5.1.4）。合上右侧面板，拧紧固定螺丝。

注意：注水后仪器需放置 12 h 以上才能开机，否则会将液体吸入泵体，损坏气泵。

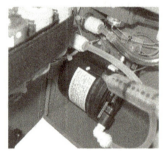

附图 5.1.4　塑料注射器注水

5. 电池充电及更换

（1）充电电池：4160-2 甲醛分析仪使用 4 节 1/2 C，容量为 750 mAh 的镍镉充电电池向泵及报警电路供电，安装在铰链门的左侧（附图5.1.5）。极性标在电池卡上方的门上。电池电量可以通过旋转功能开关到 BAT. TEST A 位置来检查。当镍镉电池电量低于正常工作电压时，它的电压降低较快。建议当功能开关置于 BAT. TEST A 位置时仪器示值接近 1.00 时，就应当对仪器进行充电。

充电器输出电压为 DC 8 V。充电时，将充电器接头连到仪器背面充电插孔中（附图5.1.2）。充电时功能开关应旋到 OFF 位置。充电时间为 8 h 左右。充满电后仪器可连续使用约 8 h。

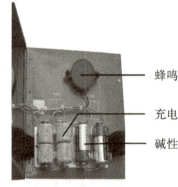

附图 5.1.5　4160-2 甲醛分析仪的电池

（2）碱性电池：4160-2 甲醛分析仪可使用 2 节 2 号碱性电池为电路及传感器供电，电池安装在右边铰链门的右侧（附图5.1.5）。该组电池不论仪器是开或关的状态下，都给传感器供电，保证传感器为就绪状态。为保障仪器正常使用，最好在 LCD 指示读数低于 1.00 前更换这组电池。

更换电池时注意电池极性，装反会损坏电路板。极性标在电池卡上方的门上。

更换电池后仪器需放置 24 h，保证传感器有时间重新稳定。这段时间内功能开关应旋到 OFF 位置。

注意：使用非碱性电池可能会出现漏液，腐蚀仪器元件及电路板。

6. 常见仪器故障（附表 5.1.3）

附表 5.1.3　4160-2 甲醛分析仪的故障和解决方法

故障现象	原　因	解决办法
开机后屏幕没有显示，但是功能开关拨到采样档（SAMPLE）能听到泵运转的声音	①碱性电池完全耗尽 ②电路板故障	①更换碱性电池，并放置 24 h。安装电池时会有报警，几秒后自动停止 ②需寄回维修
开机后屏幕没有显示，功能开关拨到采样档（SAMPLE）也没有声音	①没有安装电池或电池松动 ②碱性电池及充电电池都完全耗尽 ③电缆接头松动 ④电路板或线路故障	①安装电池并充电 ②更换碱性电池，并放置 24 h；为仪器充电 ③打开仪器右侧面板，将电缆接头插入电路板插座 ④需寄回维修
仪器显示负值	①人呼吸造成影响 ②C-12 过滤器饱和 ③调零时间太短	①将进气口远离人的口鼻附近 ②重新活化 C-12 过滤器或更换 ③按规定步骤调零
在甲醛浓度较高的环境中，仪器的显示数值却很小	①气路漏气 ②传感器老化 ③C-12 过滤器饱和 ④调零时间太短	①按说明书检查气密性 ②需寄回更换传感器 ③重新活化 C-12 过滤器或更换，按规定步骤调零
检测时数值不变化，向进气口吹气数值也没有变化	①传感器信号线没有插好 ②气路漏气 ③传感器失效 ④使用方法不正确	①检查传感器信号线连接；塑料方块接头是否接在有线一端 ②按说明书检查气密性 ③需寄回更换传感器

【参考文献】

[1] 王维新. 甲醛释放与检测 [M]. 北京：化学工业出版社，2003.

实验 6　地形因子的测定

【实验目的】

了解地形与植物群落结构之间的相关性；熟悉水准仪、测距仪、GPS 导航仪（全球卫星定位系统）、海拔仪、坡度仪、地质罗盘仪等仪器的使用。

【实验原理】

地形在生态学中被看作间接的环境因子，很早就被用来替代气温、水分、光照等直接环境因子，分析植被与环境的关系。地形、植被、土壤因子三者互相作用，地形因子影响着植被的结构特点，而土壤因子对物种多样性也产生影响，反过来群落结构也影响着土壤的理化因子。地形、植被与土壤三者之间在不同程度上密切联系，研究它们之间的关系对于了解生态系统功能过程非常重要。

地形要素包括海拔高度、坡向、坡位、坡度、起伏程度等。它们通过改变光、热、水、土、肥等生态因子而对生物和生物群落分布产生作用。

海拔高度的不同首先引起温度、降水、大气成分等差异，从而对生物群落产生作用。气候、土壤以及生物分布的垂直地带性主要是由此产生的。

坡向主要影响地面接受的太阳辐射以及地面与盛行风向的交角，这使得不同坡向之间存在显著的水热差异。坡度因子对土壤水分和土壤侵蚀还会产生深刻影响：坡度越大，地貌稳定性越小，土壤贮水性能越差，土层也越浅薄，水土流失和崩塌、滑坡等自然灾害的概率及强度也就越大。就水分状况而言，一般说来，迎风坡水分条件优越，并且呈现随海拔升高降水量逐渐增加的趋势；背风坡下部增温变干，不仅导致降水减少，而且干热气流在上升过程中沿途吸收植物体内的水分而导致植株失水，形成干热的植被景观，即形成"焚风效应"。另外，珍稀种的丰富度受到海拔、坡向和坡位的显著影响。

本实验通过使用水准仪、测距仪、全球定位系统、海拔仪、坡度仪、地质罗盘仪等地质仪器来测定地形的各种要素，更进一步地了解整个森林生态系统。

【实验材料】

森林地形地貌。

【仪器与设备】

水准仪,测距仪,GPS 导航仪,海拔仪,坡度仪,地质罗盘仪。

【方法与步骤】

(一) 水准仪测量校区内某处的高差、距离和水平方位角

1. 索佳 C30 Ⅱ 水准仪特点

短视准型自动安平水准仪 C30 Ⅱ/C32 Ⅱ 内装索佳独自开发的磁阻尼自动补偿器。因此,仪器轻微的倾斜可以自动修正,外界温度变化的冲击也不影响仪器的稳定性。此外,仪器还具备简单的水平角测量和水平距离测量功能,适用于土木、建筑和各类工程领域。

2. 各部件的名称(图 6.1)

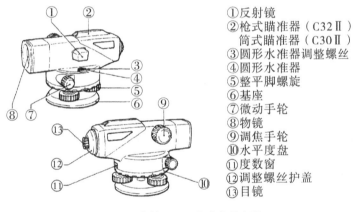

①反射镜
②枪式瞄准器(C32 Ⅱ)
　筒式瞄准器(C30 Ⅱ)
③圆形水准器调整螺丝
④圆形水准器
⑤整平脚螺旋
⑥基座
⑦微动手轮
⑧物镜
⑨调焦手轮
⑩水平度盘
⑪度数窗
⑫调整螺丝护盖
⑬目镜

图 6.1　索佳 C30 Ⅱ 水准仪的部件

3. 测量前的准备

(1) 将三脚架下部的脚皮带解开,松开制动螺旋(图 6.2)。

图 6.2　三脚架的制动螺旋

（2）在脚未分开之前，伸开脚使架头位于眼睛的高度，拧紧制动螺旋。
（3）分开三只脚，使其成正三角形。
（4）将架头大致置平，踩一下踏脚（图6.3），固定三脚架。
（5）将水准仪安置于架头上，用中心螺旋固定好（图6.4）。

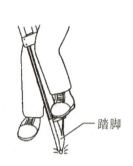 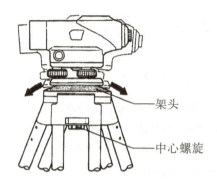

图6.3　三脚架的踏脚使用　　　　图6.4　索佳C30Ⅱ水准仪的安装

（6）使用球面架头时，稍稍松开中心螺旋，两手持基座使水准仪在球面架头上滑动，将气泡引入圆形水准器的圆圈内。
（7）旋紧中心螺旋。
（8）旋转整平脚螺旋，使气泡进入圆圈的中央（图6.5）。

 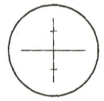 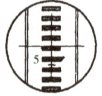

图6.5　索佳C30Ⅱ水准仪的平衡　　　　图6.6　视准的调节

4．视准

（1）观察粗瞄准器，将物镜照准目标。
（2）将目镜慢慢旋出，直至分划板十字线成像最清晰。
（3）旋转望远镜微动手轮，使目标进入视场的中央，旋转调焦手轮对目标进行调焦（图6.6）。
（4）边观察望远镜边将眼睛稍许上下左右移动。
（5）确认目标相对于十字线不动，没发生相对位移，测量前的准备就完成了。如发生相对位移，则从4(2)开始重新操作。相对位移会给测量值带来误差，应细心做好对焦工作。

5．测量方法

（1）高差测量。

1）在 A、B 二点的大致中央处放置水准仪，此时使用视距线比较方便（图 6.7）。

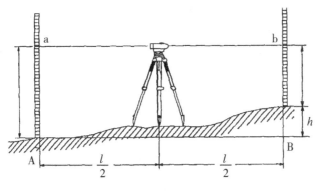

图 6.7　高差的测量

若将仪器安置在 AB 二点中央观测，视准轴水平稍许失准也不影响测量效果，不产生误差，所以尽可能将测量仪器放在两测点中央。

2）在 A 点竖立标尺，读取 a 值（后视）。

3）在 B 点竖立标尺，读取 b 值（前视）。计算 a－b 之值，求出高差。

$h = a - b = 1.735 \text{ m} - 1.224 \text{ m} = 0.511 \text{ m}$，因而得出 B 点比 A 点高 0.511 m（B 点低于 A 点的话，要加上负号）。

AB 间距离长，或高差大的情况下（见图 6.8），可分为若干个区间进行观测。

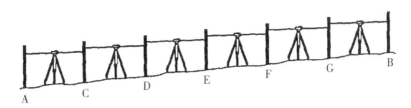

图 6.8　长距离高差的测量

计算如下：

高差 = 后视值的总和 － 前视值的总和；

被测点的高程 = 已知点的高程 + 高差。

（2）水平角测量。

水平度盘是按顺时针方向排列的。因此从左至右进行瞄准。

1）放下垂球（图 6.9），在测点上放置仪器。

2）瞄准 A 点，一边看水平度盘窗的数值一边旋转水平度盘，使其正对 0°（图 6.10）。

3）瞄准 B 点，读刻度盘值。如图 6.11，指示为 92.5°。

图 6.9　水准仪的垂球

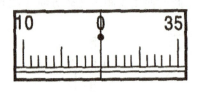 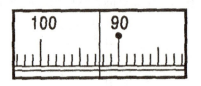

图 6.10　水平度盘读数　　　　　图 6.11　刻度盘读数

（3）距离测量。

望远镜分划板上有视距线，可进行简单的距离测量（视距测量）。

1）测定视距线间所夹的长度 l（cm）（图 6.12）。

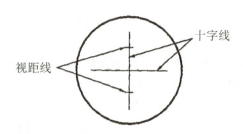

图 6.12　视距线的长度

2）从标尺上测定的 l（cm）值转化为以 m 为单位的数值，便是水准仪到标尺间的距离。

例如视距线所夹的长度为 32 cm 时，水准仪（观测点）到标尺间的距离就为 32 m（图 6.13）。

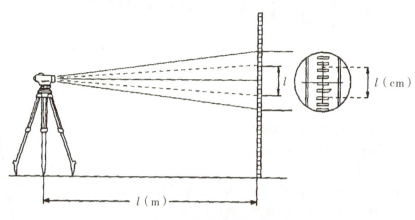

图 6.13　望远镜的视距测量

6. 使用注意事项

（1）本仪器是精密仪器，使用时要多加小心。应避免撞击与振动，注意防潮和防尘。

（2）为避免螺纹损坏，请不要把仪器直接放在地面上。

（3）仪器放在三脚架上暂时不使用时，请盖上物镜盖，再用防尘罩把仪器罩起来。

（4）清洁塑料仪器箱时，请用水或中性洗涤剂，不能使用有机溶剂。

（5）仪器使用完毕后，请将仪器及附件放回仪器箱中的规定位置，以免搬运中移动。

（二）GPS、海拔仪、坡度仪、测距仪、罗盘仪测量各种地理数据

运用 GPS 测定每个样地的经度与纬度。由于 GPS 给出的海拔高度误差较大，应用海拔仪校正海拔高度。用坡度仪测出样地山体的坡度，并测出坡向。用罗盘仪测出磁方位角。

注意这些地理数据与群落内的其他情况，记录得越详细越有利于对群落物种多样性高低的理解。

【作业】

制表记录所测得的地质数据。

【思考题】

地形要素对植物群落有什么影响？

【参考文献】

[1] 刘世梁，马克明，张育新，等. 北京东灵山地区地形土壤因子与植物群落关系研究 [J]. 植物生态学报，2003，27（4）：496-502.

[2] 胡志伟，沈泽昊，吕楠，等. 地形对森林群落年龄及其空间格局的影响 [J]. 植物生态学报，2007，31（5）：814-824.

[3] 方精云，沈泽昊，崔海亭. 试论山地的生态特征及山地生态学的研究内容 [J]. 生物多样性，2004，12（1）：10-19.

实验 7　光周期对植物生长发育的影响

【实验目的】

了解光周期对植物开花的影响，加深对植物光周期反应的理解。培养学生提出问题、分析问题和解决问题的能力，掌握研究植物光周期的方法。

【实验原理】

在自然界中，昼夜总是交替地进行，同时昼夜长度随着季节而呈现规律性的变化。一天之中白昼和黑夜的相对长度叫做光周期。这种昼夜长短的光暗交替对植物开花结实的影响称为光周期现象。植物在发育过程中需要一定的光周期诱导才能进入性器官的分化，从而达到开花结果。牵牛花（牵牛）是一种对光周期十分敏感的短日照植物，在它的子叶期，只要给予一个 16 h 的长暗期处理就可以诱导开花。通过一系列不同长度的暗处理，可以确定诱导牵牛开花所要求的最短持续暗期；而通过定时切除诱导过的子叶的一系列处理，可以检测光周期诱导后开花刺激物移出子叶的时间。

【实验材料】

牵牛（*pharbitis nil*）种子。

【仪器与设备】

智能人工气候培养箱或光照培养箱，培养皿，烧杯，花盆（10 cm × 10 cm），培养土，栽培营养液，浓硫酸。

【方法与步骤】

1. **种子萌发**

牵牛种子的外壳坚硬，为了得到整齐的幼苗，先将种子的硬壳进行软化处理。将种子放在浓硫酸中搅拌 1 h，然后取出种子，用流动水充分冲洗 10～12 h 后，种子便露出胚根。

2. 幼苗培养

每组取 20 个花盆，编号后装满培养土，每个花盆播 2 粒已萌发的种子。幼苗出土后，每天放在 16 h 光照和 8 h 黑暗的长日照条件下培养。幼苗出土后 3～4 d 对一个诱导暗期便十分敏感。

3. 开花诱导

将出土后 3～4 d、生长整齐的幼苗（每盆保留一株幼苗）移入 28 ℃的暗室或智能人工气候培养箱暗条件下进行暗诱导处理。为了确定牵牛开花诱导的临界暗期，将幼苗分成 7 组（每组 2 盆）在暗室内分别保持 0（对照）、10、12、14、16、18、20 h 之后移出暗室。其中 1 盆作为确定开花诱导临界暗期的实验，另 1 盆在移动光照下的同时立即切除子叶，以观察光周期诱导所形成的开花刺激物何时开始移出子叶。

经上述分别处理的幼苗移出暗室后都继续培养在 28 ℃连续照光的智能人工气候培养箱内，直至植株开花。整个实验过程需要 20～25 d，在此期间每 5 d 淋施 1 次栽培营养液。

4. 观察与记载

从播种开始算起，18～20 d 的幼苗已经长出茎和几片真叶，此时花芽已易于辨认。切除子叶的幼苗发育较慢，可再等 1～2 星期后检查花芽是否形成。

牵牛的花芽是在叶腋中形成的，适当诱导之后，顶芽也可分化成花芽。

每一植株的所有叶腋和顶端都加以检查。花蕾具两个紫绿色的苞片，而营养芽的叶原基上有灰白色的毛，因此容易分辨。外观上不能肯定时应当用实体显微镜进行镜检。

经过适当诱导的植株，每一株可产生 6 或 7 个花芽：一般有依次的 3 个叶腋花芽和 1 个顶花序，在顶花芽之下还有 3 个轮生的苞片腋花芽。

切除子叶的植株，一般带花芽的苞片减少到 1 或 2 个，所以平均每株的花芽数只有 4～5 个。

【注意事项】

切除子叶的幼苗发育十分缓慢，要减少浇水次数以避免根部腐烂。

【作业】

(1) 每一植株都作如下记载：
1) 第一个具花芽的节位，子叶以上第一个真叶作为第一节。
2) 是否具顶端花芽。
3) 每株花芽总数。
(2) 根据实验结果绘制以下曲线图：
1) 完整幼苗：不同长度持续暗期处理后，平均每株的花芽数。
2) 切除子叶的幼苗：幼苗在不同时间切除子叶后，平均每株的花芽数。

【思考题】

（1）生产实践中，如何应用光周期能诱导植物开花这一理论来发挥其作用？
（2）光周期除了对植物开花起作用外，对植物还有哪些生理生化反应？

【参考文献】

陈坚. 植物及生态基础 [M]. 北京：高等教育出版社，2005.

实验 8　光周期对动物生长和性腺发育的影响

【实验目的】

了解光周期对生物的影响。锻炼学生的实验动手能力,培养学生能够设计合理的实验方案,包括在实验设计时要考虑对象生物、可利用的时间、空间、材料和经费。培养学生提出问题、分析问题和解决问题的能力,以及掌握实验观测的方法。

【实验原理】

光周期是影响动物行为与生理活动的重要生态因子。许多动物的行为(如运动和摄食)与生理活动随光的变化具有明显的节律性,还有多种动物以光周期的变化为信号,启动换毛、换羽、迁移、发情或性腺发育。但也有许多动物对光周期的变化不敏感,这与动物所处生境及动物的生存策略有关。

本实验让学生自行设计实验方案,观测光周期对一些动物的生长和性腺发育的影响。

【实验材料】

幼龟或鳖,幼鱼(草鱼、鳙鱼、鲤鱼),幼鼠。

【仪器与设备】

饲育槽,饲料,灯泡,定时器,天平,解剖用具等。

【方法与步骤】

(1) 在实验前一周将学生分成几个大的实验组,每组做一种实验动物。告知学生要研究的问题和实验室备有的器材,让学生自行查文献并进行实验设计。

(2) 实验时,各组学生首先报告自己的实验设计方案,大家讨论其合理性。然后各组根据自己的设计方案开始实验。在不同光周期实验处理下饲育动物,每天投喂

1次，组中成员可轮流负责饲喂动物的工作。实验持续2～3周。

（3）实验结束后，各组汇报自己的研究结果，讨论实验中出现的问题并分析原因，最后提交研究小论文。

【注意事项】

（1）根据研究目的和所掌握的文献资料对研究结果做一个预期，提出自己实验要论证的假说。如在本实验中，假定 H_0 光周期对鱼的生长没有影响，H_1 光周期对鱼的生长影响显著。

（2）根据资料设定实验处理。如在本实验中，设定对照组的光暗时数为 12 h:12 h，实验组为黑暗、长光照组和短光照组，注意实验组中的平行设计。

（3）确定实验方法与步骤，根据文献资料确定恰当的观测指标。如在本实验中，以特殊生长率 SGR 为生长指标，以生殖腺/体重指数 GSI 为性腺发育指标。

（4）采用适当的统计工具分析自己所得的实验数据，评价数据的可信度及实验误差产生的原因。

（5）实验设计开始前列一个如下的大纲，对实验会有帮助。

实验人：＿＿＿＿＿＿＿＿＿＿

日期：＿＿＿＿＿＿＿＿＿＿

生物：＿＿＿＿＿＿＿＿＿＿

实验过程中的生态因子：＿＿＿＿＿＿＿＿＿＿

实验观测环境因子：＿＿＿＿＿＿＿＿＿＿

实验处理条件：＿＿＿＿＿＿＿＿＿＿

生物观测指标：＿＿＿＿＿＿＿＿＿＿

实验生物在其自然生境中所经历的受试环境因子的变化：＿＿＿＿＿＿＿＿＿＿

假定：H_0：＿＿＿＿＿＿＿＿＿＿，H_1：＿＿＿＿＿＿＿＿＿＿

（6）实验设计时应考虑以下问题：

1）你怎样创建你的实验处理条件？

2）怎样观测你的实验动物对实验处理的反应？

3）你的实验需要对照组吗？以什么为对照？

4）在实验过程中，你需要保持哪些因素恒定或一致才不会影响结果分析？如何做到恒定或一致？

5）每个实验组内设几个平行组？

6）按实验过程详细写出每一步操作方法，所需仪器、药品、时间等。

7）哪些因素的自然差异会使你的观测结果产生偏差？导致实验误差的因素有哪些？如何减小这些实验误差？

【作业】

详细记录实验过程和结果，讨论实验中出现的问题并分析原因。

【思考题】

（1）光周期对动物行为或生理活动产生影响的机制是什么？
（2）除了所观测的指标外，光周期还可能对实验动物的哪些性状产生影响？

【参考文献】

[1] 娄安如，牛翠娟. 基础生态学实验实验指导 [M]. 北京：高等教育出版社，2005.
[2] 张清敏. 环境生物学实验技术 [M]. 北京：化学工业出版社，2005.

实验9　酸雨对花卉生长发育的影响

【实验目的】

了解酸雨对花卉等植物生长发育的影响。锻炼学生的实验动手能力，培养学生能够设计合理的实验方案，包括在实验设计时要考虑对象生物、可利用的时间、空间、材料和经费。培养学生提出问题、分析问题和解决问题的能力，以及掌握实验观测方法。

【实验原理】

酸雨是指 pH 小于 5.6 的雨水、冰雨、雪、雹、雾等大气降水。形成酸雨的主要物质是大气层中的二氧化硫和二氧化氮。大量的环境监测资料证明，大气层中来源于煤和石油燃烧产生的二氧化硫和二氧化氮在增加，地球大部分地区上空的云雨正在酸化，如不加以控制，酸雨区的面积将继续扩大，给人类带来的危害也将与日俱增。酸雨对环境的危害包括森林退化，湖泊酸化，鱼类死亡，水生生物种群减少，农田土壤酸化、贫瘠，有毒重金属污染增强，粮食、蔬菜、瓜果大面积减产，花卉商品价值降低等。

珠三角是酸雨危害的重灾区，可通过观测酸雨对花卉生长发育的影响，使人们认识到酸雨的危害性，呼吁大家爱护环境、保护地球。本实验让学生自行设计实验方案，观测酸雨对花卉生长发育的影响。

【实验材料与试剂】

（1）材料：天南星科花卉（红掌、绿巨人、白掌等），龙血树科花卉（山海带、也门铁等），橡皮榕，各种草花。

（2）试剂：pH 1.0 的硫酸溶液，0.1 M 的磷酸缓冲液，4% 的戊二醛固定液，1% 锇酸双固定液。

【仪器与设备】

小型喷雾器，TEM-1010 型透射电子显微镜，酸度计等。

【方法与步骤】

以下方法仅供学生在设计实验时作为参考。

1. 花卉叶片受害症状实验

用 pH 1.0 的硫酸溶液加自来水配制成 pH 为 1.0, 2.0, 3.0, 4.0, 5.6 等 5 个梯度酸度溶液,以自来水作对照实验。选用长势基本相同的天南星科萌生花卉 12 盆,分成 6 组,每组 2 盆;每天分别用上述配制的 5 个梯度酸度溶液和自来水喷淋 1 次,连续喷淋 3 天。处理后 10～15 d 开始检查植株出现病斑的情况。

2. 观察叶片结构的变化

将上述几种花卉叶片置 pH 1.0, 2.0, 3.0, 4.0, 5.6 的盐酸中浸泡 0.5～1 h 后用清水洗净,然后用 1% 锇酸双固定液,经 30%、50%、70%、80%、90%、100% 的乙醇逐级脱水后,用 EP812 包埋。莱卡-S 型超薄切片机切片,醋酸双氧铀、柠檬酸三铅双染色后,在 TEM-1010 型透射电子显微镜上观察细胞结构的变化并拍照。对照用自来水(pH 为 6.5～7.0)代替酸性溶液处理。

【注意事项】

(1) 不同品种的花卉抵抗酸雨伤害的能力有较大的差别,叶片较厚、表层有丰富蜡质的植物(如橡胶榕)抵抗酸雨伤害的能力较强。同一种植物品种,幼嫩的叶片比老叶更易受到伤害,在实验过程中要注意观察幼嫩叶片出现病斑的时间和症状。

(2) 酸雨对植物叶片的破坏,首先是破坏细胞内的叶绿体和线粒体,使其叶绿体和线粒体变形,从而影响了植物正常的生长发育。在透射电子显微镜下,正常的植物叶绿体呈圆盘形,它的外面有双层膜,内部含有基粒,基粒由片层重叠而成。正常的植物线粒体呈粒状、棒状,它具有双层膜结构,内膜向其内腔折叠形成嵴。在实验中注意观察受酸雨危害的叶片和正常叶片中的叶绿体和线粒体的形态结构变化。

【作业】

(1) 记录供试植物出现病斑的时间并详细描述病症形状,并比较不同花卉品种受害程度。

(2) 观测酸雨发生规律。实地(可在广州市番禺区化龙镇)观测酸雨发生规律,特别是久旱后的突降雨。以 10 min 为一单位,用酸度计测量每次雨水 pH 值的变化,并思考其原因。

【思考题】

(1) 酸雨是如何影响花卉生长发育的?

（2）酸雨是如何形成的？

【参考文献】

[1] 丁国安，徐晓斌，房秀梅，等．中国酸雨现状及发展趋势 [J]．科学通报，1997，42（2）：167-173.

[2] 张新民，柴发合，王淑兰，等．中国酸雨研究现状 [J]．环境科学研究，2010，5：527-532.

实验10 咸潮对作物危害的观测

【实验目的】

了解咸潮的成因和对作物危害的主要表现。通过观测咸潮对作物的危害，加深学生对保护当地河流生态系统的认识。本实验为选做的综合实验内容，目的是培养学生提出问题、分析问题和解决问题的能力，以及培养学生利用现有仪器设备、文献资料，设计出合理实验方案的能力。

【实验原理】

当海洋大陆架高盐水团随潮汐涨潮沿着河口的潮汐通道向上推进，盐水扩散以及咸淡水混合造成上游河道水体变咸，即形成咸潮（或称咸潮上溯、盐水入侵）。咸潮一般发生在上一年冬至到次年立春清明期间，由于上游江水水量少，雨量少，使江河水位下降，由此导致沿海地区海水通过河流或其他渠道倒流到内陆区域。我国的咸潮多发生在珠江口、长江口。咸潮的影响主要表现在氯化物的含量上，按照国家有关标准，水中的含氯度超过 250 mg/L 时即不宜饮用，这种水质还会危害到当地的植物生存。咸潮上溯在枯水季节、干旱时期多有发生，是沿海地区一种特有的季候性自然现象。但 2005 年初和 2006 年初大咸潮危害的发生，严重影响了珠江三角洲地区广大人民群众的身体健康和正常的生产生活秩序，造成了巨大的社会影响和经济损失，也让人们认识到保护河流生态系统的重要性。

【实验材料】

选择珠江三角洲沿海的稻田、蔬菜田和甘蔗地作为观测对象。室内实验材料用花卉和蔬菜或小麦、玉米幼苗。

【仪器与设备】

便携式 EC 计，盐度计，小型喷雾器，解剖刀，解剖镜。

【方法与步骤】

以下方法仅供学生在设计实验时作为参考。

（1）每年的秋冬季节珠江口沿岸作物容易受到咸潮危害。在咸潮危害期间采集水样，用便携式 EC 计（电导法）、盐度计测定盐度，也可以参照有关资料用质量法、原子吸收分光光度法和火焰光度法准确测定水样的盐度。

（2）用清水将咸潮水样的 EC 值（25 ℃下）调至 1、2、4、6、8、10 dS/m 或者调至含盐分为 1.0、2.0、4.0、6.0、8.0 g/kg 共 5 个梯度浓度，每个浓度各 200 mL，放在培养（杯）罐中。

（3）挑选生长良好，根系无坏死现象的花卉或蔬菜幼苗各 2～3 株，分别放在装有 200 mL 不同含盐梯度溶液中，在 25～30 ℃ 环境下培养。观察实验后第 2 至 10 d 幼苗的危害情况，详细记录根系坏死和叶片出现病症时间和病状。

【作业】

（1）设计出合理的实验方案，尤其要考虑供试验的对象生物、可利用时间和空间、材料和经费等。

（2）实验结束时，写出一份综合的实验分析报告。

【思考题】

（1）咸潮的水溶液中主要有哪些盐分元素？它们对作物有哪些危害？
（2）近年来咸潮对珠江河口的农田造成严重危害，其原因何在？

以珠江为例，流域内修建了 1.4 万多座水库，1.2 万多千米堤防，并治理了 1.5 万多千米的河道或航道，在平原河网地区建设了大量水闸和泵站。但这些工程没有减轻洪、潮、涝等水灾害。珠江流域的水灾害损失仍在成倍增长，珠江三角洲的咸潮危害愈来愈严重。珠江水量并未减少，但河流生态系统却十分糟糕，生物多样性和生物群落数量大量减少，栖息地的破坏十分严重。

珠江流域下游珠江三角洲出现严重的海水咸潮倒灌的原因：①污染引发的水质性缺水；②珠江中下游缺乏自我调节的水利枢纽；③珠江中上游生态环境恶化从而削弱了涵养水源的能力。

珠江三角洲及河口区水网纵横交错，经济发达。但目前的水文监测站未能对其河汊水流、泥沙和不同水情下的分流、分沙比进行有效的监测。长期以来因缺乏足够的实测资料，无法算清三角洲复杂网河的水账。同时该地区台风、风暴潮频繁，近几年连续干旱造成珠江口咸潮上溯，严重威胁着港、澳及该地区饮用水安全并造成严重的经济损失。水利部珠江水利委员会（珠江委）目前尚未有一个风暴潮观测站，也没有咸潮监测站，更谈不上对风暴潮和咸潮的预报。加快珠江三角洲水文站网络自动监测系统建设已迫在眉睫。

【参考文献】

［1］鲍士旦．土壤农化分析［M］．北京：中国农业出版社，2000．

实验 11　植物种子的温度耐受性检测

【实验目的】

了解不同年产度的植物种子在常规温度条件下的种子活力变化和在逆境温度条件下种子温度耐受性的差异。掌握检测种子年产度的简易方法。

【实验原理】

不同年产度的植物种子即使在发芽率方面没有显著差异，但由于种子在储存期间会发生一系列的生理生化变化，所以不同年产度的种子对低温或高温的耐受性不同。新产的种子对低温或高温的耐受性高，陈种对低温或高温的耐受性低。因此，通过测定种子对温度的耐受性可以检测出种子的年产度。

不同年产度的种子无论在食用价值上，还是作为播种的品质上均有很大的差异，准确检测种子的年产度在生产实践中具有积极的意义。

【实验材料】

储存期为 1～2 个月和 12～14 个月绿豆各 30 g，储存期为 1～2 个月和 12～14 个月大豆种子各 30 g，储存期为 1～2 个月和 12～14 个月芝麻种子各 10 g。

【仪器与设备】

电热恒温培养箱，鼓风干燥箱，种子发芽试验箱，滤纸（45 cm×14 cm），玻璃板（20 cm×14 cm），测量尺。

【方法与步骤】

1. 常规发芽法

将滤纸（45 cm×14 cm）的一端写上标号，另一端对齐玻璃板（20 cm×14 cm）的上端平铺，用蒸馏水湿透滤纸，排除滤纸与玻璃板之间的空气。在玻璃板中部的滤纸上横向排列种子，然后用下半部滤纸盖住种子，把已排好种子的玻璃板插入盛有 2 cm

深度水层的 28 ℃ 培养箱中，加盖。3 d 后统计发芽率和测量萌发种子的胚根加下胚轴的长度（cm），并计算出种子活力指数。每次供试的大豆种子不少于 50 粒，绿豆种子不少于 100 粒，芝麻种子不少于 200 粒，做 2 个重复。

2．种子低温耐受性检测

将种子放在铺有滤纸的培养皿中，加入适量水分（以浸没种子为度），然后放在 5 ℃ 下冷冻吸胀 2 d，接着按上述常规发芽法萌发，测定各项指标。

3．种子高温耐受性检测

将种子放在培养皿中，加入 20～30 mL 蒸馏水，置 50 ℃ 高温（烘箱中）处理 1 h，然后按上述常规发芽法萌发，测定各项指标。

4．种子发芽率和活力指数计算方法

$$种子发芽率（\%）= \frac{萌发种子粒数}{供试种子粒数} \times 100$$

$$种子活力指数 = 发芽率（\%）\times（胚根 + 下胚轴长度）$$

$$下降百分率（\%）= \frac{对照组发芽率 - 处理组发芽率}{对照组发芽率} \times 100$$

5．记录检测结果

将不同储存期的种子对低温（5 ℃）和高温（50 ℃）的耐受性实验结果分别按表 11.1 和表 11.2 方式整理。

表 11.1　不同储存期的种子对 5 ℃ 低温的耐受性测定

种子	储存月数/月	对照 发芽率/%	对照 活力指数	5 ℃处理 2 d 发芽率/%	5 ℃处理 2 d 活力指数	下降百分率/%
绿豆	2					
	14					
大豆	2					
	14					
芝麻	2					
	14					

表 11.2　不同储存期的种子对 50 ℃ 高温的耐受性测定

种子	储存月数/月	对照 发芽率/%	对照 活力指数	50 ℃处理 1 h 发芽率/%	50 ℃处理 1 h 活力指数	下降百分率/%
绿豆	2					
	14					
大豆	2					
	14					
芝麻	2					
	14					

【注意事项】

实验操作时,先进行高温、低温处理实验,以便对照组和温度处理组同时进行发芽实验。

【作业】

(1) 详细记录并计算发芽率和活力指数,将实验结果加入表中。
(2) 比较不同种子和同一种子不同储存时间对温度耐受性的差异,并加以分析。

【思考题】

(1) 实验供试种子分别代表淀粉种子、油料种子和蛋白质种子,经 12 个月的储存后,它们的发芽率和活力指数的变化有很大的差异,为什么?
(2) 经过一定时间储存的种子,对温度的耐受性降低,从生理生化方面分析发生了哪些变化?受哪些环境因素的影响?

【参考文献】

[1] 黄学林,陈润政. 种子生理实验手册 [M]. 北京:农业出版社,1990.
[2] 张北壮,陈润政. 种子年产度检验技术研究:Ⅰ. 不同年产度种子的发芽和活力的变化 [J]. 种子,1989 (4):7–10.

实验 12　植物热耐受性的检测

【实验目的】

掌握植物热耐受性的测量评估方法。

【实验原理】

将植物样品浸泡到水浴中,然后加热使温度线性地从 25 ℃ 升高至 70 ℃（大约需要 30 min）。植物受到的热胁迫超过一定界限时,细胞膜会受到破坏,从而使细胞内的电解质外渗并造成光合系统损伤。在达到这一温度界限时,植物外渗电解质将会造成水浴溶液电导的急剧变化,同时反映光合系统损伤的叶绿素荧光强度（F_t 值）也会产生显著的变化。通过获得的电导/温度曲线和 F_t/温度曲线能够得到细胞中电解质渗出时的精确临界温度。因此,这个临界温度就可以用来衡量植物样品的热耐受性。

【实验材料】

树木或竹子的叶片。

【仪器与设备】

PlanTherm PT 100 植物热耐受性测量仪。

【方法与步骤】

1. 仪器准备

（1）插上 PT100 的电源；将 LCD 显示屏插到 USB 接口上；开启无线键盘和鼠标；将电导测量探头接到主机背面的 5 针接口上；开启 PT100 主机左侧开关；打开电脑,点击桌面上的图标 开启 ProfileCon 软件（图 12.1）。

（2）从仪器中取出样品夹、固定头、电导测量探头和比色杯（图 12.2）。

（3）在比色杯（图 12.3）中注入 5 mL 去离子水。去离子水的电导率（背景电导率）应低于 10 μS/cm。

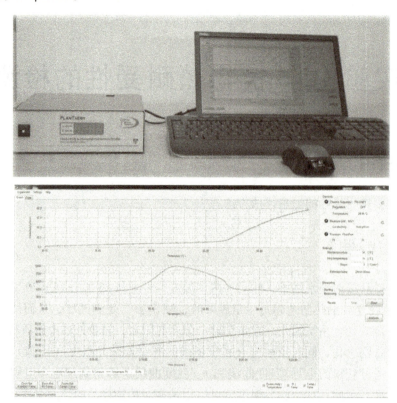

图 12.1　PlanTherm PT 100 开机示意

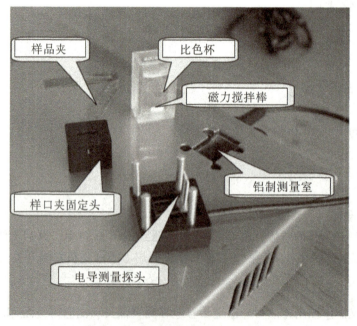

图 12.2　PlanTherm PT 100 的各个配件

图 12.3 比色杯的加样

(4) 将加好去离子水的比色杯放入仪器的铝制测量室里，轻轻将其推到测量室底（图 12.4）。

(5) 放入 7 mm×2 mm 磁力搅拌棒用以保持比色杯中温度均一。磁力搅拌棒会在几秒钟内达到稳定转动（图 12.5）。

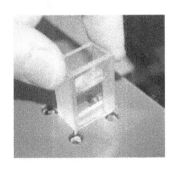 

图 12.4 比色杯推入测量室　　　图 12.5 磁力搅拌棒的使用

(6) 将电导测量探头插入比色杯中（电导测量探头中集成了温度探头）（图 12.6-a）。仪器前面的液晶显示屏上的"t"后面有小数点表示探头没有插好（图 12.6-b），探头插好后这个小数点消失（图 12.6-c）。

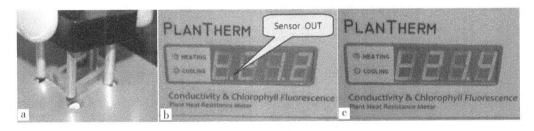

图 12.6 电导测量探头的使用

(7) 实时电导、温度和叶绿素荧光强度 F_t 值会显示到软件上。检查去离子水的背景电导是否在 0~10 μS/cm，F_t 值是否在 0~100 以内。如不在此范围内，请检查去离子水是否受到污染。

2. 样品准备

（1）用剪刀从测量植物样品上剪下与样品夹大小近似的叶片（图12.7）。推荐使用较薄的叶片以减少加热不均匀造成的误差，叶片要保证尽量大，以占满样品夹上的窗口为准。

图 12.7　样品夹

（2）将剪好的叶片夹到样品夹中（图12.8）。

图 12.8　样品准备过程

（3）将样品夹推到固定头中（图12.9）。

图 12.9　样品夹的固定

（4）将样品夹和固定头一起插入电导探头中（图12.10）。

图 12.10　固定的样品插入电导探头中

3. 软件分析样品的热耐受性

（1）此时软件中显示的 F_t 值应当显著增加。

（2）点击软件上的 Settings 按钮，设定实验的起始温度（最低 20 ℃）、终止温度（最高 70 ℃）和加热速率（1～3 ℃/min）。

（3）点击 Start 按键开始实验，实验过程中要保证环境温度稳定。实验数据图显示在软件的主界面上。

（4）点击 Analysis 按键，软件会自动计算电导临界点和 4 个荧光临界点并描绘在数据图上（图 12.11）。

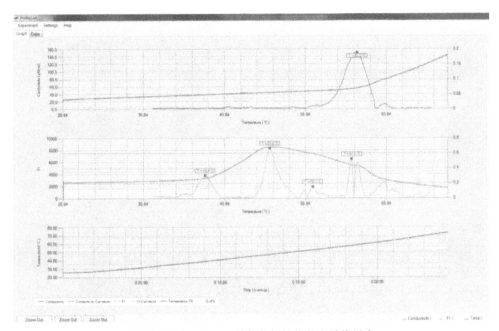

图 12.11　ProfileCon 软件分析植物的电导临界点

【注意事项】

（1）实验过程中不要将水撒到仪器上。

（2）实验过程中尽量不要用手挤压叶片样品表面。

【作业】

测定 2～3 种植物的热耐受性。

【思考题】

（1）不同植物的热耐受性差异是如何形成的？

（2）不同植物的热耐受性差异有何应用潜力？

【参考文献】

[1] Wahid A, Gelani S, Ashraf M, et al. Heat tolerance in plants: an overview [J]. Environmental and Experimental Botany, 2007, 61 (3): 199-223.

实验 13　鱼类的温度、盐度耐受性观测

【实验目的】

认识并练习判断生物的生态因子耐受范围。认识不同鱼类对温度、盐度的耐受限度和范围不同，这种不同的耐受性与其分布生境和生活习性密切相关。通过实验加深对谢尔福德耐受性定律的理解。

认识影响鱼类耐受能力的因素。

【实验原理】

不同的生物对温度、盐度等生态因子有不同的耐受上限和下限。上、下限之间的耐受范围有宽有窄，且生物对不同生态因子的耐受能力随生物种类、个体差异、年龄、驯化背景等因素而变化。当多种生态因子共同作用于生物时，生物对各因子的耐受能力之间密切相关。

【实验材料】

实验动物取金鱼或热带观赏鱼，分成 A、B 组，预先将 A 组放在 25 ℃、B 组在 20 ℃水温条件下分别喂养 10～15 d；条件允许时，选用代表性的淡水鱼类和咸水鱼类做盐度耐受性实验。

【仪器与设备】

水族箱，光照培养箱（0～50 ℃），温度计，海水精，冰，纱布。

【方法与步骤】

1. 观察鱼类对高温和低温的耐受能力

（1）建立环境温度（5～40 ℃）梯度，将 5 个水族箱分别编号（1～5），并分别加满清水。用冰块将 1 号水族箱的水温调节至 5 ℃，2 号的为 15 ℃，3 号的为 25 ℃，

用热水将 4 号水族箱的水温调节至 35 ℃,5 号的为 40 ℃。

(2) 将不同种类、不同驯化条件的实验鱼分成 10 条为一组,分别称重,并记录其重量、种类、驯化背景等。然后放入不同水温条件的水族箱中 30～90 min,观察并记录在不同时间、不同水温条件下实验鱼的死亡情况。实验鱼明显麻痹不动时,即可认定死亡。

(3) 将实验鱼在不同时间、不同水温条件下的死亡率(%)记录在表 13.1 中。

表 13.1　不同温度下不同鱼类死亡率随时间的变化情况

鱼类名称	平均重量	驯化背景	5 ℃下随时间(min)的死亡率/%			15 ℃下随时间(min)的死亡率/%			25 ℃下随时间(min)的死亡率/%			35 ℃下随时间(min)的死亡率/%			40 ℃下随时间(min)的死亡率/%		
			30	60	90	30	60	90	30	60	90	30	60	90	30	60	90

2. 观察鱼类对盐度的耐受能力

(1) 建立盐度(2‰～20‰)梯度,取 4 个水族箱分别加入盐度为 2‰、5‰、10‰、20‰ 4 种梯度浓度盐溶液。

(2) 将不同种类的实验鱼分成 10 条一组,称重后分别放入 4 种梯度浓度盐溶液中 30～90 min,观察并记录在不同时间、不同水温条件下实验鱼死亡情况。

(3) 将实验鱼在不同时间、不同盐度条件下的死亡率(%)记录在表 13.2 中。

表 13.2　不同盐度溶液下不同鱼类死亡率随时间的变化情况

鱼类名称	平均重量	驯化背景	2‰盐度下随时间(min)的死亡率/%			5‰盐度下随时间(min)的死亡率/%			10‰盐度下随时间(min)的死亡率/%			20‰盐度下随时间(min)的死亡率/%			30‰盐度下随时间(min)的死亡率/%		
			30	60	90	30	60	90	30	60	90	30	60	90	30	60	90

【注意事项】

将实验鱼放入低温(高温)环境中,如果实验鱼马上出现死亡,说明温度过低

（或过高），应适当提高（或降低）2～3 ℃再观察。

【作业】

（1）根据表中记录结果，以时间为横坐标、死亡率为纵坐标绘制曲线图。
（2）根据3组以上实验结果，结合谢尔福德耐受性定律等对实验结果进行讨论，分析各组间结果的异同，评估不同鱼类对温度、盐度耐受性的差异及其影响因素。

【思考题】

（1）实验中你所观测到的鱼类对温度、盐度的不同耐受性与该种鱼类的生境和分布有何关系？
（2）如果在10‰的盐度条件下对淡水鱼重复上述温度梯度实验，结果是否会发生变化？如何变化？

【参考文献】

[1] 娄安如，牛翠娟. 基础生态学实验实验指导［M］. 北京：高等教育出版社，2005.

实验 14　水体中化学需氧量等因子的测定

【实验目的】

了解化学需氧量（COD）的含义及测定方法，了解水体污染的有关指标。掌握 COD 快速测定仪、浊度测定仪、电导率仪、酸度计等水体监测仪器的使用。

【实验原理】

COD（chemical oxygen demand）即化学需氧量，是在特定的条件下，采用一定的强氧化剂处理水样时，所消耗的氧化剂量。它是表示水中还原性物质多少的一个指标。水中的还原性物质包括各种有机物、亚硝酸盐、硫化物、亚铁盐等，但主要的是有机物。因此，化学需氧量（COD）又往往作为衡量水中有机物质含量的指标。化学需氧量越大，说明水体受有机物的污染越严重。化学需氧量（COD）的测定，随着测定水样中还原性物质以及测定方法的不同，测定值也有所不同。目前应用最普遍的是酸性高锰酸钾（K_2MnO_4）氧化法与重铬酸钾（$K_2Cr_2O_7$）氧化法。高锰酸钾氧化法，氧化率较低，但比较简便，在测定水样中有机物含量的相对比较值时可以采用。重铬酸钾氧化法氧化率高、再现性好，适用于测定水样中有机物的总量。

重铬酸钾氧化法的测量原理是样品中有机物与一定量的重铬酸钾氧化剂发生氧化反应，当氧化反应完成后，用光度比色仪测量出所耗试剂的量，即得出水样中 COD 的含量。本次实验所用的 ET99718 - COD 快速测定仪测定水体中的化学需氧量，是采用重铬酸钾（$K_2Cr_2O_7$）在浓硫酸（H_2SO_4）介质下作为氧化剂，其 COD 试剂中的硫酸银（Ag_2SO_4）作为催化剂，硫酸汞（Hg_2SO_4）作为氯离子掩蔽剂（可消除高达 2 000 mg/L 的氯离子影响），与之形成络合物以消除干扰。

浊度即水的混浊程度，是指水中悬浮物对光线透过时所发生的阻碍程度。水中含有泥土、粉砂、微细有机物、无机物、浮游生物等悬浮物和胶体物都可以使水质变得浑浊而呈现一定浊度。浊度的高低一般不能直接说明水质的污染程度，但由人类生活和工业生活污水造成的浊度增高，表明水质变坏。

水的导电性即水的电阻的倒数，通常用它来表示水的纯净度。水的电导率异常与其污染状况密切相关。营养盐离子是引起水质污染的重要组分，所以通过测定水的电导率可以反映水的污染状况。

pH 表示水中氢离子的浓度，是氢离子浓度倒数的对数。各种动植物及微生物都有各自适应的 pH 范围；pH 超过适应范围，能抑制生理生化反应造成危害，严重时导致死亡。我国及大多数国家生活饮用水水质标准规定 pH 的范围为 6.5～8.5。一般认为饮用水的 pH 在较大范围内（6.5～8.5）不会影响人体健康和生活饮用。

【实验材料】

生活污水、工业废水、河涌水、自来水、蒸馏水等 5 种不同水样。

【仪器与设备】

COD 快速测定仪，浊度测定仪，电导率仪，酸度计。

【方法与步骤】

（一）ET99718 - COD 快速测定仪测定 5 种水样的 COD 值

ET99718 - COD 快速测定仪的测定步骤如下：
(1) 将光度计电池安装就绪，按 ON/OFF 键，打开仪器显示 Lr（图 14.1 - a）。
(2) 根据测量要求，按 Mode 键。选择 Mr，Hr 和 Lr 量程范围（图 14.1 - b）。
确定所选量程后（以中量程 Mr 为例）。将经过消解加热处理后的空白 Φ16 mm 试剂瓶放入比色池内，确保试剂瓶"▼"与仪器比色池"▲"对齐，盖好光度计的盖子（图 14.1 - c）。

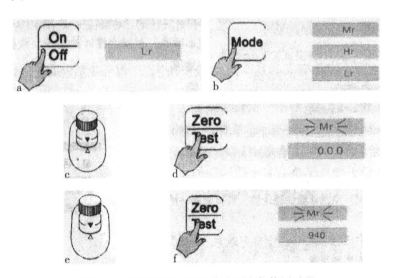

图 14.1　ET99718 - COD 快速测定仪使用过程

（3）按 Zero/Test 键，屏幕闪烁显示 Mr，几秒钟后显示 0.0.0，表示仪器校零结束，将空白 Φ16 mm 试剂瓶取出（图 14.1 – d）。

（4）将经过消解加热处理后的待测样品 Φ16 mm 试剂瓶放入比色池内，确保试剂瓶"▼"与仪器比色池"▲"对齐，盖好光度计的盖子（图 14.1 – e）。

（5）按 Zero/Test 键，屏幕闪烁显示 Mr，几秒钟后显示该待测水样的 COD（mg/L）测量值（图 14.1 – f）。

（6）如需要重复测量分析，可按 Zero/Test 键。

（7）如需要重新进行零校正，可按 Mode 键直到所需要的量程符号显示在屏幕上。

（二）浊度测定仪测定 5 种水样的浊度

浊度测定仪测定水样浊度的步骤如下：

（1）将零浊度水倒入试样瓶内到刻度线，然后旋上瓶盖，并擦净瓶体的水迹及指印。同时应注意操作时不可用手直接拿瓶体，以免留上指印，影响测量精度。

（2）当测量范围为 0～200 NTU 时，应按下仪器右前侧的按钮开关，此时最小示值为 0.1 NTU，当测量范围为 200～800 NTU 时，应弹出仪器右前侧的按钮开关，此时最小示值为 1 NTU。

（3）将装好的零浊度水试样瓶，置入试样座内，并保证试样瓶的刻度线应对准试样座上的白色定位线，然后盖上遮光盖。

（4）稍等读数稳定后调节调零旋钮，使显示为零。

（5）采用同样方法装置校准用的 100 NTU 或 800 NTU 标准溶液（根据量程来选择），并放入试样座内，调节校正钮，使显示为标准值。

（6）重复（3）、（4）、（5）步骤，保证零点及校正值正确可靠。

（7）放入样品试样瓶，等读数稳定后即可记下水样的浊度值。

（三）电导率仪测定 5 种水样的电导率

电导率是以数字表示溶液传导电流的能力，该指标反映水中离子的总浓度或含盐量。电导（G）是电阻（R）的倒数，因此当两个电极（通常为铂电极或铂黑电极）插入溶液中，可以测出两电极间的电阻 R。水的导电性即水的电阻的倒数，通常用它来表示水的纯净度。水的电导率异常与其污染状况密切相关。营养盐离子是引起水质污染的重要组分，所以通过测定水的电导率可以反映水的污染状况。电导率的标准单位是 S/m（即西门子/米）。

本实验用 EC – CON6 便携式电导率仪（图 14.2）测定 5 种水样的电导率。测定时先开机，待仪器进入测定模式后，将电极插入待测液中，当电导率数值稳定时即可记录读数。

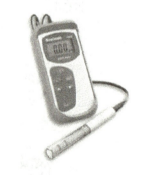

图 14.2　EC – CON6 便携式电导率仪

（四）酸度计测定 5 种水样的 pH 值

本实验采用的 YSI 酸度计（图 14.3）可以同时测定样品的 pH 和温度，使用方法如下：

（1）校正：先将仪器斜率调节器调节在 100% 位置，再根据被测溶液的温度，调节温度调节器到该温度值。

（2）定位：把复合电极插入仪器。选择一种最接近样品 pH 的缓冲溶液，把电极放入这一缓冲溶液里，摇动烧杯，使溶液均匀。待读数稳定后，该读数应是缓冲溶液的 pH，否则就要调节定位调节器。用于分析精度要求较高的测定时，要选择两种缓冲溶液（即被测样品的 pH 在该两种缓冲溶液的 pH 之间或接近）。待第一种缓冲溶液的 pH 读数稳定后，该读数应为该缓冲溶液的 pH，否则调节定位调节器。清洗电极，吸干电极球泡表面的余液。把电极放入第二种缓冲溶液中，摇动烧杯使溶液均匀，待读数稳定后，该读数应是第二种缓冲溶液的 pH，否则调节斜率调节器。

图 14.3　YSI 酸度计

（3）测量：经过 pH 标定的仪器，即可用来测定样品的 pH。这时温度调节器、定位调节器、斜率调节器都不能再动。用蒸馏水清洗电极，用滤纸吸干电极球部后，把电极插在盛有被测样品的烧杯内，轻轻摇动烧杯，待读数稳定后，就显示被测样品的 pH。记录好水样的 pH 和温度值。

【注意事项】

（一）COD 测量时的注意事项

（1）进行样品和空白样测量时，要用同一批比色皿。当空白样存放在暗处时，空白读数是稳定的，测其他样品时可以用同一批瓶进行测量。

（2）不要将热的比色皿放入光度计比色池中，应待其冷却到室温时，才能进行最后的测量。

（3）若比色皿中含有悬浮物，会导致不正确的读数。比色皿底部的沉淀物务必不能悬浮起来，因此小心谨慎地将比色皿放入光度计比色池中是非常重要的。

（4）擦拭比色皿外部时，不能留有指纹或其他印记。

（5）比色皿应正确放入比色池中，以便比色皿的刻度线与比色池的标记对齐。

（6）避免水样溢出，流进仪器内部。如果发生此种情况，将会损坏电子元件并引起腐蚀。

（7）样品池内的光学系统（LED 灯和光感应器）受到污染，将会导致不正确的读数。应定期检查样品池的光透过孔，如有必要还需用清洁布和棉花球进行清洗。

（8）当光度计和周围环境存在较大温差时，会导致不正确读数，或引起透光率的改变。

（9）氯化物的浓度不应超过 1.000 mg/L（对于中、低量程）或 10.000 mg/L（对于高量程）。

（10）若水样中的混合物不能被充分氧化，与标准的参比方法相比，将会导致读数变小。

（11）不同的取样方法、样品自身的准备以及从取样到分析所经历的时间长短，均影响测量结果。

（12）使用完的试剂应妥善处理，以避免发生二次污染。

（13）不要触摸 COD 快速测定仪的消解槽，以防烫伤。如果有试剂溅到消解槽上，先拔掉电源，使消解器冷却，再取出所有试剂瓶，清洁消解槽。

（14）COD 试剂易氧化，打开后请立即使用，久置将变色失效。

（15）对于低量程和中量程，其测量结果以 mg/L 显示。对于高量程，其测量结果以 g/L 显示。

（16）COD 的测量误差为 ±3.5%。

（二）浊度仪使用时的注意事项

为了获取准确的浊度测量值，除了仪器本身必须具备优良的品质外，还有赖于化验员良好的操作技能及认真严谨的工作态度。如使用清洁的样瓶、正确的操作方法，认真去除气泡，确保仪器在合适的条件下工作，这些将使测得的结果更准确、更精确，重现性、线性关系也会更好。同时注意以下的操作：

（1）采样后要及时测量，以避免温度变化及水样颗粒沉降引起测量结果缺乏真实性。

（2）样瓶必须清洗得非常干净，避免擦伤留下划痕。用实验室的洗涤剂清洗样瓶内外，然后用蒸馏水反复漂洗，在无尘的干燥箱内干燥。如使用时间长了，可用稀盐酸浸泡 2 h，最后用蒸馏水反复漂洗。取样瓶时只能拿瓶体上半部分，以避免指印进入光路。

（3）正确地配制标定福尔马肼标准液，这是浊度测量的关键。注意配制标准液的每个步骤：保证计算正确，均匀的摇晃原液，准确的移液，倒入零浊度水应注意刻度，低浊度的标准液应选用大容量的量瓶，以降低配制误差。

（4）选择校正用的标准液，含量应选用所测量程满量程值为宜，且标定前应充分摇匀，测量前应保证校正值的正确无误。对于低浊度测定及较高精度的测量应考虑样瓶间的测量差异，必须使用同一样瓶进行标定及检测。校零时应选用零浊度水，要求不高时，可采用蒸馏水。

（5）有代表性的水样能准确反映水源的真实性。因此，从各采样点取来的水样在测量前必须充分混匀，并避免水样沉降及较大颗粒的影响。制备水样时应去除样瓶中的气泡。测量温度较低的水样时，样瓶瓶体会发生冷凝水滴。因此在测量前必须让其放置一段时间，使水样的温度接近室温，然后再擦干净瓶体的水迹。

（6）测量时，不仅要考虑样瓶的清洁及取样的正确性，同时应保证测量位置的一致性。瓶体的刻度线应与试样座定位线对齐，并需要盖上遮光盖，避免杂散光影响。试样测量时由于水样中颗粒物质的漂动，显示数值会出现来回变化，此时可以稍等一段时间后，数值会逐渐稳定下来，即可读出水样浊度值。也有可能数据一直不稳，这是由于水样中的气泡过多或悬浮的杂质引起。读数时，应取中间值，即最大显示值加上最小显示值，再除以 2 得出中间值。

（7）测量结果报告采用 NTU 表示。

1）0～0.99 NTU 报告结果的误差接近于 0.01 NTU。

2）1.0～9.9 NTU 报告结果的误差接近于 0.1 NTU。

3）10～99 NTU 报告结果的误差接近于 1 NTU。

4）100 NTU 以上报告结果的误差接近于 10 NTU。

【作业】

列表比较 5 种水样的测定结果，并分析其成因。

【思考题】

如何治理水污染？

附录 14.1 零浊度水的制备

参照国际标准 ISO7027 规定的方法，选用孔径为 0.1 μm（或 0.2 μm）的微孔滤膜过滤蒸馏水（或电渗析水、离子交换水），需要反复过滤 2 次以上，所获的滤液即为检定用的零浊度水。该水贮存于清洁的、并用该水冲洗后的玻璃瓶中。

零浊度水用于浊度计的零点调整和福尔马肼（Formazine）标准溶液的稀释。

附录 14.2 福尔马肼（Formazine）浊度标准溶液的制备

浊度计检定中使用国家技术监督局颁布的 Formazine 标准物质，如 GBW12001 400 度（NTU、FTU）浊度（Formazine）标准物质，定值不确定度 ±3%，有效使用期限 1 年。不同浊度值的 Formazine 标准溶液，是用零浊度水和经检定合格的容量器具，按比例准确稀释 Formazine 浊度标准物质而获得。

400 NTU 以上的 Formazine 标准物质需存放在冰箱的冷藏室内（4～8 ℃）低温避光保存。已稀释至低浊度值的标准溶液不稳定，不宜保存，应随用随配。

浊度标准液可按 ISO7027 所规定的方法配制，严格控制条件和试剂用量，方法摘录如下：

1. 仪器和试剂

分析天平：载荷 200 g、感量 0.1 mg，检定合格。

恒温箱（或水浴箱）：能容下 200 mL 容量瓶，恒温 25 ± 1 ℃，能连续运行 24 h 以上。

容量瓶：100 mL、一等，检定合格。

移液管：5 mL、一等，检定合格。

硫酸肼（$N_2H_6SO_4$）：分析纯，纯度应大于 99%。

六次甲基四胺（$C_6H_{12}N_4$）：分析纯，纯度应大于 99%。

2. 制备方法

准确称取 1.000 g 硫酸肼，溶于零浊度水。溶液转入 100 mL 容量瓶中，稀释至刻度，摇匀、过滤后备用（用 0.2 μm 孔径的微孔滤膜过滤，下同）。

准确称取 10.00 g 六次甲基四胺，溶于零浊度水，并转入 100 mL 容量瓶中，稀至刻度，摇匀、过滤后备用。

（1）400 NTU Formazine 标准溶液制备：准确移取上述两种溶液各 5.00 mL，倒入 100 mL 容量瓶中摇匀。该容量瓶放置在 25 ± 1 ℃ 的恒温箱或恒温水浴中，避光静置 24 h 后，加入零浊度水稀释至刻度，摇匀后即制成 400 NTU 标准液。

（2）4 000 NTU Formazine 标准溶液制备：准确移取上述两种溶液各 100 mL，倒入 200 mL 容量瓶中摇匀，该容量瓶放置在 25 ± 1 ℃ 的恒温箱或恒温水浴中，避光静置 24 h 即制成 4 000 NTU 标准液。

为了增加配制值的可靠性，可考虑配制多组、多瓶 Formazine 标准溶液，以验证配制的一致性，同时要观测 Formazine 标准溶液浊度值的变化。只有在证明其稳定性良好，在使用期间内量值的变化不超过配制值的 ±3% 方可使用。配制好的溶液应在 4～8 ℃ 的低温避光环境下储存。

附录 14.3　水污染及与污染有关的指标

废水中的污染物种类繁多，难于一一列举。根据对环境造成危害的不同，废水中的污染物可大致分为以下几个类别：固体污染物、需氧污染物、毒性污染物、营养污染物、生物污染物、感官污染物、酸碱污染物、油类污染物、热污染物及其他污染物等。

为了方便环境管理和污染防治，规定了许多废水水质指标。一种水质指标可能包括一种污染物（如挥发酚、硫化物），也可能包括好多种污染物（如需氧污染物）。而一种污染物既可以仅属于一种污染指标（如 H^+ 仅以污染指标 pH 值反映），也可以属于几种污染指标（如有机性悬浮物既是 SS、又是 COD 的构成物质）。除 pH、温度、细菌总数及大肠菌群数、臭味及色度、浊度、放射性物质外，其余污染指标的单位均用 mg/L。

1. 固体污染物

固体污染物在常温下呈固态，它分无机物和有机物两大类。

固体物质在水中有三种分散状态：溶解态（直径小于 1 nm）、胶体态（直径介于 1～100 nm）、悬浮态（直径大于 1 000 nm）。在水处理技术中，由于直径介于 100～

1 000 nm（甚至 2 000 nm）的固体微粒的悬浮能力也很强，因而分离这类颗粒仍采用分离胶体微粒的凝聚法，故在技术上也把胶体微粒的上限扩大到 1 000～2 000 nm。此外，水质分析中把固体物质分为两部分：能透过滤膜或滤纸（孔径因材料不同而异，3～10 μm）的叫溶解固体（DS）；不能透过者叫悬浮固体或悬浮物（SS），两者合称总固体（TS），或总固形物。必须指出，这种分类仅仅是为了水处理技术的需要。

在紊动的水流中，悬浮物能悬浮于水中，但悬浮是有条件和暂时的，一旦维持悬浮的条件（水的紊动）消失，它就从水中分离出来。比重大于 1 的沉入水底，小于 1 的浮于水面。通常把前者叫做沉降性悬浮物，后者叫做漂浮性悬浮物。沉降性悬浮物中能在技术操作（一般不大于 2 h）内用标准沉降管沉降分离的，叫可沉物（其颗粒大体在 10 μm 左右），难于沉降分离的，叫难沉物。

悬浮物是废水的一项重要水质指标。悬浮物的主要危害是造成沟渠管道和抽水设备的堵塞、淤积和磨损；造成接纳水体的淤积和土壤空隙的堵塞；造成水生生物的呼吸困难；造成给水水源的浑浊；干扰废水处理和回收设备的工作。由于绝大多数废水中都含有数量不同的悬浮物，因此去除悬浮物就成为废水处理的一项基本任务。

溶解固体（DS）中的胶体是造成废水浑浊和色度的主要原因。少数废水含有很高的溶质（主要为无机盐类），对农业和渔业有不良影响。

2. 需氧污染物

能通过生物化学（个别情况下还有化学）的作用而消耗水中溶解氧的化学物质，统称为需氧污染物。

无机的需氧污染物为数不多，主要有 Fe、Fe^{2+}、NH_4^+、NO_2^-、S^{2-}、SO_3^{2-}、CN^- 等。绝大多数需氧物是有机物，因而在特定情况下，需氧物即指有机物。

虽然绝大多数有机物（主要是天然的）为需氧物，但也有一部分有机物不是需氧的。前者称为可生化有机物，后者称为非生化有机物。可生化有机物被微生物分解利用的难易程度不同，因而又分为难降解有机物和易降解有机物。

需氧物对环境水体造成两方面的危害。好氧微生物和兼性微生物在吸收利用需氧物（主要为有机物）的生化过程中，要消耗溶解氧。当消耗量大于补充量时，溶解氧浓度就要降低。当浓度低于某一限值，水生动物的生活就受到影响。例如，鱼类要求氧的限值是 4 mg/L，如果低于此值，会导致鱼群大量死亡。当溶解氧消耗殆尽时，厌氧微生物和改变了代谢方式的兼性微生物就生活于水中，进行厌氧分解。这时，代谢产物中的硫化氢对生物有致毒作用，硫化氢、硫醇和氨等还能散发出刺鼻的恶臭，形成的硫化铁能使水色变黑，还出现底泥冒泡和泥片泛起。这就是水质腐败的现象，它严重影响环境卫生和水的使用价值。

需氧物种类繁多，通常用水质指标间接表示其含量多少。最常用的指标是生化需氧量（BOD）、化学需氧量（COD）和高锰酸盐指数。用生化过程中消耗的溶解氧量来间接表示需氧物的多少，称为生化需氧量。用化学氧化剂 $K_2Cr_2O_7$ 或 $KMnO_4$ 氧化分解有机物时，用与消耗的氧化剂当量相等的氧量来间接表示需氧物的多少，分别称为化学需氧量（COD）和高锰酸盐指数。在有些文献中，两者分别用 COD_{Cr} 和 COD_{Mn} 来表示。

必须指出，生化需氧的过程很长，且具有明显的阶段性。第一阶段，首先把不含氮

有机物转化为 CO_2 和 H_2O，把含氮有机物转化为氨，这个过程称为氨化或无机化。参与分解的是异养型微生物。第二阶段，氨依次被转化为亚硝酸盐和硝酸盐，这个过程称为硝化，参与转化的是化能自养型微生物（硝化菌）。生活污水在标准控制温度为20 ℃时的氨化过程历时 10 多天到 20 d。氨化的结果表明，有机物基本上无机化了。有机物在 20 d 内消耗的溶解氧量，叫作 20 d 生化需氧量，用 BOD_{20} 表示。显然，这个测定时间太长了，难于指导生产实践。一般均采用 5 d（20 ℃）的测定时间，在此期间所消耗的溶解氧量叫做 5 d 生化需氧量，以 BOD_5 表示。各种废水的水质差异很大，其 BOD_{20} 或 BOD_5 值相差悬殊。但就某一种废水而言，两者有一个稳定的比值。例如，生活污水的 $BOD_5 : BOD_{20} \approx 0.7$。一般说来，$COD > BOD_{20} > BOD_5 >$ 高锰酸盐指数值。

BOD_5 和 COD 的比值是衡量废水可生化性（即可进行生化处理）的一项重要指标，比值愈高，可生化性愈好。一般认为，该值大于 0.3 即宜进行生化处理。

除以上几种测定需氧物的方法外，目前又发展了测定总需氧量（TOD）和总有机碳（TOC）两种方法。在 900 ℃ 的高温下，以铂为催化剂，使水样汽化燃烧，然后测定气体载体中氧的减少量，作为有机物完全氧化所需的氧量，称为总需氧量。如在相同条件下，测定气体中的 CO_2 增量，从而确定水样中碳元素的含量，用以判定有机物含量，称为总有机碳。总需氧量法和总有机碳法的特点是测定迅速，但仪器较昂贵。

3. 毒性污染物

废水中能对生物引起毒性反应的化学物质，称为毒性污染物，简称为毒物。工业上使用的有毒化学物质已超过 10 000 种，因而已成为人们最关注的污染物类别。

毒物对生物的效应有急性中毒和慢性中毒两种。急性中毒的初期效应十分明显，严重时可导致死亡。毒物对鱼类的急性中毒量，通常以半数死亡浓度 TLM 表示，即在 24 h 或 48 h 内使供试鱼类 50% 致死的毒物浓度。慢性中毒的初期效应很不明显，但长期积累可引起突变、致畸、致癌、致死，甚至引起遗传性畸变。目前，对微量毒物尚缺乏合理的判定标准。

大多数毒物的毒性与浓度和作用时间有关，浓度越大，作用时间越长，致毒后果愈严重。此外，毒物反应与环境条件（温度、pH 值、溶解氧浓度等）和有机物的种类及健康状况有关。

毒物是重要的水质指标，各类水质标准中对主要的毒物都规定了限值。

废水中的毒物有三大类：无机化学毒物、有机化学毒物、放射性物质。

（1）无机化学毒物。

无机化学毒物分为金属和非金属两类。金属毒物主要为重金属（比重大于 4 或 5）。废水中的重金属主要是汞、铬、镉、铅、锌、镍、铜、钴、锰、钛、钒、钼、锑、铋等，特别是前几种危害更大。在轻金属中，铍是一种重要的毒物。

甲基汞能大量积累于大脑中，引起乏力、末梢麻木、动作失调、精神混乱、疯狂痉挛。六价铬中毒时能使鼻膈穿孔，皮肤及呼吸系统溃疡，引起脑膜炎和肺癌。铬中毒时引起全身疼痛、腰关节受损、骨节变形，有时还会引起心血管病。铅中毒时引起贫血、肠胃绞疼、知觉异常、四肢麻痹。镍中毒时引起皮炎、头疼、呕吐、肺出血、虚脱、肺癌和鼻癌。锌中毒时能损伤胃肠等内脏，抑制中枢神经，引起麻痹。铜中毒时引起脑病、血尿和意识不清等。铍中毒能引起急性刺激，招致结膜炎、溃疡、肿瘤和肺部肉芽肿大（铍肺病）。

作为毒物，重金属具有以下特点：①其毒性以离子状态存在时最为严重，故通常称重金属离子毒物；②不能被生物降解，有时还可被生物转化为更毒的物质（如无机汞被转化为烷基汞）；③能被生物富集于体内，既危害生物，又能通过食物链危害人体。

重要的非金属毒物又砷、硒、氰、氟、硫（S^{2-}）、亚硝酸根离子（NO_2^-）等。砷中毒时能引起中枢神经紊乱，诱发皮肤癌等。硒中毒时能引起皮炎、嗅觉失灵、婴儿畸变、肿瘤。氰中毒时能引起细胞窒息、组织缺氧、脑部受损等，最终可因呼吸中枢麻痹而导致死亡。氟中毒时能腐蚀牙齿，引起骨骼变脆或骨折；氟对植物的危害很大，能使之枯死。硫中毒时，引起呼吸麻痹和昏迷，最终导致死亡。亚硝酸盐能使幼儿产生变性血红蛋白，造成人体缺氧；亚硝酸盐在人体内还能与仲胺生成亚硝胺，具有强烈的致癌作用。

必须指出的是许多毒物元素，往往是生物体所必需的微量元素，只是在超过水质标准时，才会致毒。

（2）有机化学毒物。

这种毒物种类繁多，在水质标准中规定的有机化学毒物有：挥发酚、苯并（α）芘、DDT、六六六等。酚有蓄积作用，对人和鱼类危害很大，它使细胞蛋白质变性和沉淀，刺激中枢神经系统，降低血压和体温，麻痹呼吸中枢。苯并（α）芘是众所周知的致癌物。多氯联苯能引起面部肿瘤、骨节肿胀、全身性皮疹、肝损伤等，并有致癌作用。有机农药（杀虫剂、除草剂、选种剂）分有机氯、有机磷和有机汞三大类。有机氯（DDT、六六六、艾氏剂、狄氏剂等）的毒性大、稳定性高。DDT能蓄积于鱼脂中，可高达 12 500 倍，使卵不能孵化。

（3）放射性物质。

放射性是指原子裂变而释放射线的物质属性。对人体有危害的电离辐射有X射线、α射线、β射线、γ射线及质子束等，射线通过物质时会产生离子。废水中的放射性物质一般浓度较低，会引起慢性辐射和后期效应，如诱发癌症（白血病），对孕妇和胎儿产生损伤，缩短寿命，引起遗传性伤害等。放射性物质的危害强度与剂量、性质和身体状况有关。半衰期短的，其作用在短期内衰退消失；半衰期长的，长期接触有蓄积作用，危害甚大。

4. 营养性污染物

氮和磷是植物和微生物的主要营养物质。氮和磷的浓度分别是 0.2 mg/L 和 0.02 mg/L 时，会引起水体的富营养性变化，促使藻类大量繁殖，在水面上聚集成大片的水华（湖泊）或赤潮（海洋）。当藻类在冬季大量死亡时，水中的 BOD 值猛增，导致腐败，恶化环境卫生，危害水产业。

此外，BOD、温度、维生素类物质也能触发和促进富营养性污染。

5. 生物污染物

生物污染物主要是指废水中的致病性微生物及其他有害的有机物。废水中的绝大多数微生物是无害的，但有时却能含有各类致癌微生物。例如，生活污水中可能含有能引起肝炎、伤寒、霍乱、痢疾、脑炎的病毒和细菌以及蛔虫卵和钩虫卵等；制革厂和屠宰场的废水中常含有炭疽杆菌和钩端螺旋体等；医院、疗养院和生物研究所排出的废水中含有种类繁多的致病体。水质标准中的卫生学指标有细菌总数和总大肠菌群两项，后者反映水体中受到动物粪便污染的状况。除致病体外，废水中若生长铁菌、硫菌、藻类、水草，或贝壳类动物时，会堵塞管道和用水设备等，有时还腐蚀金属和损害木质，也属于生物污染。

生物污染物中，病毒的个体甚小，20～300 nm。其他生物污染（如细菌的个体为 0.7～10 μm、藻类和寄生虫卵等）的个体均甚大，它们在水中呈悬浮状态。

6. 感官污染物

废水中的异色、浑浊、泡沫、恶臭等现象能引起人们感官上的极度不快。对于供游览和文体活动的水体而言，其危害更为严重。各类水质标准中，对色度、臭味、浊度、漂浮物等水质指标作了相应的规定。

7. 酸碱污染物

酸碱污染主要是由进入废水的无机酸和碱造成，水质标准中以水质指标 pH 值反映其含量水平。酸性废水的危害主要表现在对金属及混凝土结构材料的腐蚀上。碱性废水易产生泡沫，使土壤盐碱化。各种动植物及微生物都有各自适应的 pH 值范围；pH 值超过适应范围，都能抑制生化反应，造成危害，严重时导致死亡。

8. 油类污染物

油类污染物包括矿物油（石油）和动植物油中的液体部分。它们均难溶于水，粒径较大的分散油易聚集成片，漂浮于水面。粒径介于 100～10 000 nm 的微小油珠易被表面活性剂和疏水固体所包围，形成乳化油，稳定地悬浮于水中。

油类污染物经常覆盖于水面，影响氧的溶入；它还能附着于土壤颗粒表面的动植物体表，影响养分的吸收和废物的排出，粘附油的鱼具有异臭。油类污染物的水质指标有"石油类"和"动植物油"两项，两者还构成 COD 值。

9. 热污染物

废水温度过高的危害，叫做热污染，其危害表现在：融化和破坏管道接头；破坏生物处理过程；危害水生物和农作物；加速水体的富营养化过程。反映热污染的水质指标为"温度"。

【参考文献】

[1] 葛福玲. 化学需氧量测定方法的改进及研究进展 [J]. 四川环境, 2012 (1): 109-113.

[2] 黄振辉. 化学需氧量测定方法的研究与探讨 [J]. 广东化工, 2010 (4): 194-196.

实验 15 水体毒性的生物测定

【实验目的】

学习有毒物质对发光细菌的生物毒性试验基本原理和方法；了解 EasyChem TOX 水体生物毒性检测仪的基本结构、原理并正确使用；掌握微生物毒性测定方法。

【实验原理】

发光菌的生物毒性测试是 20 世纪 70 年代后期建立起来的生物测试方法。发光菌是一种海洋发光细菌，属一类非致病的革兰氏阴性兼性厌氧细菌，它们在适当的条件下经培养后，能发出肉眼可见的蓝绿色的光。其发光原理是由于活体细胞内具有 ATP、荧光素（FMN）和荧光酶等发光要素。这种发光过程是细菌体内的一种新陈代谢过程，即氧化呼吸链上的光呼吸过程。当细菌合成荧光酶、荧光素、长链脂肪醛（RCHO）时，在氧的参与下，能发生生化反应，便产生光。光的峰值在 490 nm 左右。生化反应如下：

$$NAD(P)H + FMN + H^+ \xrightarrow[\text{氧化还原酶}]{\text{NADH:FMN}} NAD(P)^+ + FMNH_2$$

$$FMHN_2 + RCHO + O_2 \xrightarrow{\text{荧光酶}} FMN + RCOOH + H_2O + h\nu\ (490\ nm)$$

当发光菌接触到环境中有毒污染物质时，可影响或干扰细菌的新陈代谢，从而使细菌的发光强度下降或熄灭。有毒物质的种类越多、浓度越高，抑制发光的能力越强。这种发光强度的变化可用测光仪定量地测定出来。水体毒性可以用 EC_{50} 表示，即发光菌发光强度降低 50% 时毒物的浓度。

相对抑制率计算公式如下：

$$\text{相对抑制率} = \frac{\text{对照发光强度} - \text{样品发光强度}}{\text{对照发光强度}} \times 100\%$$

将计算的光相对抑制率与受试化合物的浓度进行回归分析，根据所得回归方程可求出相应的 EC_{50} 值。由于发光菌的生物毒性测试方法快速、简便、灵敏，所以在有毒物质的筛选、环境污染生物学评价等方面有很大的实用价值。

【实验材料与试剂】

（1）材料：河涌水，生活废水，饮用水。

以常规水样采集方法来采集水体样品即可。注意事项：①采样瓶使用带有聚四氟乙烯衬垫的玻璃瓶，务必清洁、干燥。采集水样时，瓶内应充满水样、不留空气。采样后，用塑料带将瓶口密封。②毒性测定应在采样后 6 h 内进行。否则应在 2～5 ℃下保存样品，但不得超过 24 h，报告中应标明采样时间和测定时间。③对于含有固体悬浮物的样品需用离心或过滤除去，以免干扰测定。

（2）试剂：试剂包从厂家购买。包括以下试剂：复水缓冲液（rehydration buffer），试剂 A（发光细菌，bacteria），急性测试缓冲液（acute test buffer），锌（Ⅱ）对照试剂，3，5 - 二氯苯酚对照试剂，铬（Ⅵ）对照试剂。

对发光细菌产生急性毒性的物质可以是任何化合物的混合溶液（无机物或有机物），只要此溶液可以抑制细菌的生长作用，都可以说对细菌有毒性作用。

发光细菌测试毒性的特点：考察成分不明确的混合溶液的急性毒性，比如用于自来水厂的毒性检测；也可用于实验室，人为配置好化合物溶液，考察不同化合物的毒性特征。

对照试剂的特征：锌（Ⅱ）对照试剂的 EC_{50} = 2.2 ppm，3，5 - 二氯苯酚对照试剂的 EC_{50} = 3.4 ppm，铬（Ⅵ）对照试剂的 EC_{50} = 18.7 ppm。

【仪器与设备】

EasyChem TOX 水体毒性检测仪。

【方法与步骤】

1. 试剂配制

（1）复苏发光细菌的制备。从冰箱内取出含有 0.5 g 发光细菌冻干粉和氯化钠溶液，置于含有冰块的小号保温瓶，用 1 mL 注射器吸取 0.5 mL 冷的 20.0 g/L 氯化钠溶液（适用于 5 mL 的测试管）或 1 mL 冷的 2.5% 氯化钠溶液（适用于 2 mL 的测试管）注入冻干粉中，充分混匀。2 min 后菌即复苏发光，可在暗室观察，肉眼可见微光。备用。

（2）七水硫酸锌溶液（$ZnSO_4 \cdot 7H_2O$）的配制。3 种对照试剂，按照实际需要选择 1 种即可，本文以七水硫酸锌溶液为例。

七水硫酸锌母液 [ρ（$ZnSO_4 \cdot 7H_2O$）= 1.00 g/L]：使用分析纯七水硫酸锌固体配制。用万分之一分析天平精确称量 0.100 0 g 七水硫酸锌，置于 100 mL 烧杯中，用小半杯蒸馏水溶解后移入 100 mL 容量瓶中，以少量蒸馏水冲洗烧杯 3 次，均倒入容量瓶中，然后用蒸馏水稀释至刻度线后反复摇匀，置于冰箱。于 4 ℃下保存备用，保存期

6个月。

七水硫酸锌标准使用液 [ρ ($ZnSO_4 \cdot 7H_2O$) = 20.00 mg/L]：用 10 mL 移液管分 2 次吸取总量为 20.00 mL 七水硫酸锌母液于 100 mL 容量瓶中，然后用蒸馏水稀释至刻度线，反复摇匀，即配制成 20 mg/L 七水硫酸锌标准使用液。

2．操作过程

(1) 将试剂、供试样品分别摆放在仪器的试剂盘、样品盘（图 15.1）。

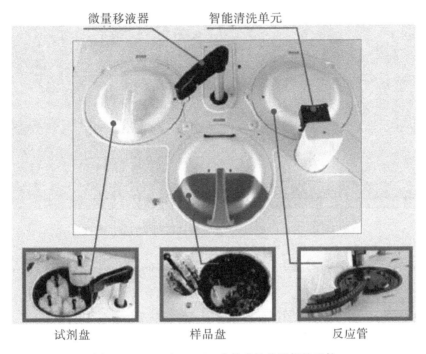

图 15.1　EasyChem TOX 水体毒性检测仪的元件

(2) 打开 EasyChem TOX 仪器电源和操作仪器的电脑，打开 EasyChem TOX 分析软件（此步骤必须在摆放好试剂和样品后操作，禁止在仪器运行过程中将手伸进仪器盘面，防止碰到取样臂而导致仪器故障）。

(3) 软件中点击 ROUTINE-WORK LIST SETUP 设置工作表单（work list）。work list 包含样品信息（样品盘的每个位置摆放的样品名称）、试剂信息方法表单（method list）、对照信息、稀释倍数（1/1，1/2，1/4，1/5，1/10…）等，仪器会根据这些信息自动运行（图 15.2）。

(4) 设置好测量参数（work list 中的参数）后，点击"开始测量"，仪器会按照已经设置好的程序工作，会自动移取稀释样品、试剂到反应管，读取发光度值；结束测量后，自动生成抑制率随时间的变化曲线（图 15.3）；根据相对抑制率、按照内置模型，拟合出 EC_{50}、EC_{20} 数值。模型是根据国际标准 ISO 11348-3 (2007) 中提出的计算方法，内置在程序中的。

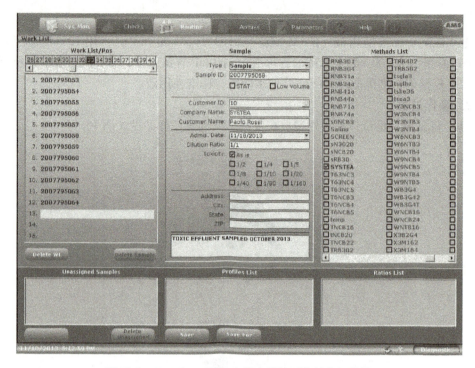

图 15.2　EasyChem TOX 水体毒性检测仪的分析软件

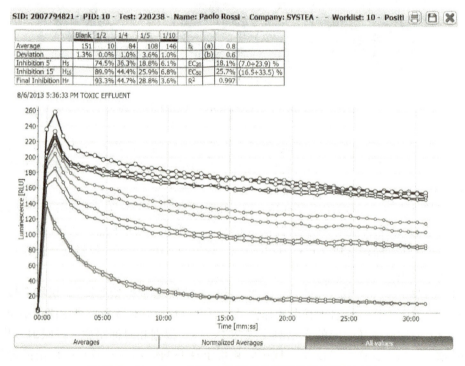

图 15.3　EasyChem TOX 水体毒性检测仪分析软件的运行

【注意事项】

（1）实验前判断发光细菌是否符合测试要求。发光细菌的要求：加入缓冲液 2 min 后细菌即复苏发光（可在暗室内检测，肉眼应见微光；也可以单独使用仪器测定）。配置好的发光细菌溶液随时间变化其发光量呈动态曲线——发光量应先迅速升高（代表细菌复苏）后逐渐趋于平稳。

（2）测试时，室温必须控制在 20～25 ℃ 范围。故冬夏季节测定时需保持室温恒定。且所有测试器皿及试剂、溶液，测前 1 h 均置于恒温室内。

（3）水环境污染后的毒性测定，应在采样后 6 h 内进行。否则应在温度为 2～5 ℃ 环境下保存样品，但不得超过 24 h。报告中应标明采样时间和测定时间。

【作业】

分别对河涌水、生活废水、饮用水进行发光细菌生物毒性测试，记录结果。

【思考题】

（1）叙述发光细菌生物毒性测试方法的基本原理和测试条件。

（2）与传统的生物学检测方法（如鱼类急性毒性试验）相比，发光菌的生物毒性测试方法具有哪些优点？

【参考文献】

[1] 吴泳标，张国霞，许玫英，等. 发光细菌在水环境生物毒性检测中应用的研究进展 [J]. 微生物学通报，2010，37（8）：1222-1226.

[2] 国家环境保护局. 水质急性毒性的测定发光细菌法（GB/T 15441—1995）[S]. 北京，中国：国家环境保护局，1995.

[3] International Organization for Standardization (ISO). Water quality-determination of the inhibitory effect of water samples on the light emission of Vibrio fischeri (Luminescent bacteria test) — part 3: method using freeze-dried bacteria (11348-3). Geneva, Switzerland: ISO, 2007.

实验 16 水分和养分对植物根系生长的影响

【实验目的】

通过植物根系测定，分析水分和养分对植物根系的生长变化，认识生长环境对植物根系生长的影响作用；掌握测定与分析植物根系生长特征的基本原理，熟悉实验方法与程序，了解仪器的工作原理并正确操作；通过设计水分、养分梯度的实验来研究根系生长变化，提高数据统计分析能力与科学问题的探究水平。

【实验原理】

1. 植物根系

植物的根是维管植物体轴的地下部分，主要起固着和吸收水分和养分的作用，同时还有合成和贮藏有机物，以及进行营养繁殖的功能。植物根系在生态系统的生物地球化学循环中扮演着重要角色。根自末端增长，根尖处有针箍形根冠保护，根冠后方为顶端分生组织（一群分裂旺盛的细胞），该组织所产生的细胞小部分加于根冠，大部分则加入分生区上方的延长区（根的增长在此发生）；延长区上方为成熟区（根的初生组织在此成熟，源于分生区上部的细胞分化过程在此完成）。根的初生组织由外而内依序为表皮、皮层与维管柱。表皮由薄壁细胞组成，通常由一层表皮细胞组成。水分及溶于水的矿物质由表皮吸收，大部分陆生植物均具根毛（表皮细胞壁向外突起的细管状物，仅见于成熟区）使吸收作用大为增强。

由于根系生长在土壤中，具有隐蔽性，无法像地上部那样可以用肉眼直接观察，并且难以原位取样。另外，由于根系生长环境的高度变异性以及缺乏必要的研究手段，所以关于根系方面的研究在很长一段时间里进展缓慢。

2. 营养对根构型的影响

根构型特征取决于各种根构型参数，如骨干根、侧根和吸收根数量与长度，根生长角度、根半径等。改变这些参数，自然会影响根构型。营养对主根的生长有较大影响。研究认为主根生长的敏感性对磷供应 14 d 后更明显，当磷浓度低于 0.164 mmol/L 时，主根生长几乎不随磷浓度的变化而发生变化。营养浓度对骨干侧根形成和伸长也有很大影响，中等磷浓度比高磷浓度更利于侧根密度增加和侧根生长。高浓度硝态氮（10 mmol/L）抑制侧根的伸长，而低浓度（10 μmol/L）则刺激了侧根的伸长。

根毛是根构型的重要部分，极大地扩大了根系的吸收范围，利于根系对土壤介质营养元素（特别是难溶性和移动性较差元素）的吸收利用。营养对毛细吸收根的形成有显著影响。养分缺乏的土质中毛细吸收根呈细长型，其尖削度变小，其上分枝很少，而养分富足土质中的毛细吸收根细短，尖削度大，其上分枝多，密度大。养分缺乏导致根构型最明显的变化之一就是有些表皮细胞形成根毛，如低磷下根毛变得更长、更密。另外，根毛的形成还受到铁、锌、镁、磷等多种营养元素亏缺刺激的影响。

3. 水分对根系的影响

大量研究表明，水分对根系发育、根系生理特性、养分吸收及作物产量起着极其重要的作用。在毛乌素沙地进行的不同水分梯度根系垂直分布的研究表明，不同水分梯度根系分布随土壤深度的增加呈指数下降，土壤含水率的变化与根系生物量的变化呈负相关关系，当土壤含水率增大时相应区域根系生物量减小。研究直接干旱和渐进干旱对玉米苗期根系发育的影响，发现渐进干旱方式下，根系在轻度干旱时生长最好，严重干旱时最差；而直接干旱方式下，根系在水分充足时生长最好，轻度干旱次之，严重干旱时最差。在水分充足条件下，细根（直径 0.05~0.25 mm）的根长和根表面积及其占总根系的比例高于中等根（直径 0.25~0.45 mm）和粗根（直径 >0.45 mm），直接干旱表现出降低细根比例、增加中等根和粗根比例的趋势，说明细根受干旱的影响较中等根和粗根更大。

4. 根系分析系统测定原理

WinRHIZO 是一套专业根系分析系统，可以分析根系长度、直径、面积、体积、根尖记数等，功能强大，操作简单，广泛运用于根系形态和构造研究。

WinRHIZO 利用高质量图形扫描系统提供高分辨率的彩色图像或黑白图像，该扫描系统匹配专门的双光源照明系统，去除了阴影和不均匀现象的影响，有效地保证了图像的质量。采用非统计学方法测量计算出交叉重叠部分根系长度等参量，WinRHIZO 可以读取 TIFF、JPEG 标准格式的图像。

【仪器与设备】

WinRHIZO 根系分析系统，其组成如下：
(1) 根系分析软件（基本版/标准版/密度版）。
(2) 扫描仪类型：STD4800、LA2400。
(3) 电脑：最低配置为 Pentium Ⅲ/64 MB 内存/17″显示器。

【方法与步骤】

（一）植物根系的分析测定

1. 扫描植物根系

将植物根系放在扫描仪（图 16.1）上进行扫描。扫描仪配有样品固定装置用来放置样品,将样品扫描得到根系图像信息。

扫描范围:标准面积扫描仪[standard area (STD) scanners] 面积为 22 cm×30 cm,大面积扫描仪[large area (LA) scanners] 面积为 30 cm×42 cm。

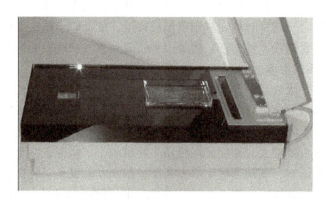

图 16.1　植物根系扫描仪

2. 根系检测

得到根系扫描图像后,进行根系检测。该系统可自动测定根系长度(root length)、根面积(root area)、根体积(root volume)及根尖数量(number of tips)。

(二) WinRHIZO 根系分析系统操作说明

1. 根系分析

开机、开锁:准备五分硬币,打开侧面锁。更换普通扫描仪板为专用透射单元。并将两侧面固定用的红色螺丝旋下放入备用孔中。

2. 安装扫描仪软件

添加新硬件——在 EPSON 文件夹中寻找 *.inf 文件——安装。

注意:请选定电脑的 Windows 相关版本;在每次使用软件时,Protection key 必须插在电脑 USB 接口上配套使用。

3. 安装分析软件

先安装 Protection Key 的驱动程序,再打开 WinRhizo 软件使用。

(1) 在左边的"磁盘/扫描仪"图标可更换,分别表示所需分析的图片来自已存的图片或扫描仪。如果图片从扫描仪获得,则将配备的根盘中盛适量水,把根系洗干净后,平铺在根盘中。而且根系扫描仪都是带有透射单元的专业扫描仪。从根系的上面和下面同时扫描,所以可以避免由于根系重叠带来的误差。尽量朝扫描仪开始扫描的方向放置。

(2) Data 菜单下,Data save options 中选择 Link analysis data。

(3) Image 菜单下,Origin 表示图片来源,主要有两种:已存或扫描仪上的图片。

(4) Parameters(参数设置)菜单中,Resolution(分辨率)可设定 Medium;选中 Regent position system。Width(宽度)和 Length(长度)可根据根盘大小和根系大小来

设定。另外，随配的红色和绿色的长条形板是根盘的固定装置。当选定测量区域较小时，可用绿色板放在扫描仪边缘用来固定较小的根盘。反之，如果选定测量区域较大时，可用红色板放在扫描仪边缘用来固定较大的根盘。选中"Ask to save Images after Acquisition"可以在每次扫描完图像后，跳出对话框，用以对扫描图片进行标识。如设定操作者名字以及分析后数据保存的路径。

（5）Display 菜单下：Information over image 可选分析的参数，如 Links（交叉数）Tips（根尖数），Forks（分叉数），Crossing（十字分叉数）。

（6）设置完毕后，点击扫描仪按钮，开始扫描。扫描完后，跳出对话框，设定操作者名字以及分析后数据保存的路径。

（7）按住鼠标左键，拖曳鼠标选定分析区域。选定后松开鼠标，软件会自动分析参数。

（8）分析后的数据自动保存为".TXT"文件。

（9）用"EXCEL"将数据导入到表格中。选定用"空格"作为分隔符。

（三）水分、养分对根系生长的影响

（1）选择生长于不同水分、养分条件下的供试植物，选取足够数量的植株，采集其根系并洗去泥土等。

（2）根据采集的样品选择合适大小的样品装置，装好后扫描图像。

（3）用 WinRHIZO 根系分析系统测定以上样品的根系长度、根面积、根体积及根尖数量。

（4）分析不同水分、养分条件下根系生长特征的差异。

【作业】

根据植物学、生态学理论基础，设计水分或养分梯度实验；设置盆栽实验，基于本实验涉及的主要指标与测定方法，分析水分或养分对植物根系生长的影响。

研究实例

不同干旱方式和干旱程度对玉米苗期根系生长的影响[*]

根系与耐旱性关系十分密切，发生水分胁迫时，根系会改变自身形态结构和构型，干物重积累也发生相应变化，并影响地上部"光系统"的建成和产量。因此，根系特征可作为耐旱性鉴定的重要指标。实际生产中，干旱的发生一般有两种方式，一种为

---

[*] 节选自李博，王刚卫，田晓莉，等：《不同干旱方式和干旱程度对玉米苗期根系生长的影响》，载《干旱地区农业研究》2008 年第 26 卷第 5 期，第 148–152 页。

"渐进干旱"，即在出苗后的某个生育阶段降雨持续稀少，不能满足玉米生长发育的需要，导致旱情发生并不断加重；另一种方式为"直接干旱"，即在春天播种时遭遇春旱（常发生于东北和华北的春玉米区），不得已需要采用各种抗旱播种措施，如催芽播种等。

供试材料为玉米杂交种高油115，种子经过催芽后播种到高45 cm、直径为16 cm的白色PVC管内，管底部用塑料膜和致密的尼龙网扎紧，防止漏水，出苗后3 d间苗，每管留1株。

设置渐进干旱和直接干旱，设计水分充足、轻度干旱和严重干旱3个水分处理，田间持水量分别为75%±5%，55%±5%和35%±5%。植株生长1个月后于4～5叶期取样（距最后一次浇水间隔2 d）。根系用流水小心冲洗干净，分成若干段，用EPSON扫描仪（Seiko Epson Corp., Tokyo, Japan）记录根系形态，然后用WinRHIZO分析总根长（RL）、根表面积（SA）和根体积（RV）。根长密度（RLD）由根系总长/土壤体积计算得出。

从表16.1可见，在渐进干旱方式下，轻度水分胁迫（55 FC）下根长、根长密度、根表面积和根体积显著高于水分充足（75 FC）和严重干旱处理（35 FC）。

表16.1 渐进干旱方式下不同程度水分胁迫对玉米苗期根系生长的影响

水分处理	根系性状				
	根干重 /g	根长 /cm	根长密度 /cm·cm^{-3}	根表面积 /cm^2	根体积 /cm^3
75 FC	0.83 ab	8 200 b	0.9 b	780 b	7.5 b
55 FC	1.07 a	16 400 a	1.8 a	1 290 a	8.8 a
35 FC	0.74 b	6 100 b	0.7 b	480 b	5.0 b

注：表中数据为5个重复的平均值，同一列内不同小写字母表示在 $P<0.05$ 水平下差异显著。下同。

表16.2结果表明，直接干旱方式下不同程度水分胁迫对玉米苗期根系生长的影响明显不同于渐进干旱方式。水分充足（75 FC）处理的根系生长最好，根干重、根长、根长密度、根表面积和根体积最大；轻度水分胁迫（55 FC）显著抑制了玉米幼苗根系的生长；而严重干旱对根系生长的影响进一步加强。

表16.2 直接干旱方式下不同程度水分胁迫对玉米苗期根系生长的影响

水分处理	根系性状				
	根干重 /g	根长 /cm	根长密度 /cm·cm^{-3}	根表面积 /cm^2	根体积 /cm^3
75 FC	1.89 a	25 000 a	2.5 a	1 600 a	11.2 a
55 FC	1.17 b	17 000 b	1.7 b	1 100 b	8.5 b
35 FC	0.55 c	4 900 c	0.5 c	360 c	3.0 c

WinRHIZO软件可将根系按直径分级（分辨单位0.01 mm）进行各性状统计，本试验将根系划分为细根、中等根和粗根3个等级，直径范围分别为0.05～0.25 mm、0.25～0.45 mm和大于0.45 mm。如表16.3所示，水分充足条件下（75 FC），细根（直径0.05 mm～0.25 mm）的根长较中等根（直径0.25～0.45 mm）长3.0倍，较粗根（直径>0.45 mm）长10.3倍；细根的根长比例高达74%，而中等根和粗根的根长比例分别仅为19%和7%。水分胁迫使3种细度根系的根长同时减少，进一步分析发现，干旱胁迫对细根的影响程度大于中等根和粗根。

表16.3　直接干旱方式下不同程度水分胁迫对玉米幼苗3种细度根系的根长及其比例的影响

水分处理	根长/cm			比例/%		
	0.05～0.25 mm	0.25～0.45 mm	>0.45 mm	0.05～0.25 mm	0.25～0.45 mm	>0.45 mm
75 FC	18 900 a（a）	4 700 a（b）	1 700 a（c）	74 a（a）	19 b（b）	7 b（c）
55 FC	11 900 ab（a）	3 800 a（b）	1 200 ab（c）	70 a（a）	22 ab（b）	7 b（c）
35 FC	3 000 b（a）	1 300 b（b）	500 b（c）	63 b（a）	27 a（b）	10 a（c）

注：括号中不同字母表示同一水分处理不同细度根系的差异在0.05水平下显著。

【参考文献】

[1] 范伟国，杨洪强. 果树根构型及其与营养和激素的关系[J]. 果树学报，2006，23（4）：587-592.

[2] 顾东祥，汤亮，徐其军，等. 水氮处理下不同品种水稻根系生长分布特征[J]. 植物生态学报，2011，35（5）：558-566.

[3] 金剑，王光华，刘晓冰，等. 不同施磷量对大豆苗期根系形态性状的影响[J]. 大豆科学，2006，25（4）：360-364.

[4] 李博，王刚卫，田晓莉，等. 不同干旱方式和干旱程度对玉米苗期根系生长的影响[J]. 干旱地区农业研究，2008，26（5）：148-152.

[5] 李建兴，谌芸，何丙辉，等. 不同草本的根系分布特征及对土壤水分状况的影响[J]. 水土保持通报，2013，33（1）：81-86+91.

[6] 李倩，方芳，于晶，等. 根系分析仪在侧蒴藓类植物生理生态研究上的应用潜力[J]. 上海师范大学学报：自然科学版，2012（5）：528-532.

[7] 牛海，李和平，赵萌莉，等. 毛乌素沙地不同水分梯度根系垂直分布与土壤水分关系的研究[J]. 干旱区资源与环境，2008，22（2）：157-163.

[8] 王淑芬，张喜英，裴冬. 不同供水条件对冬小麦根系分布、产量及水分利用效率的影响[J]. 农业工程学报，2006（2）：27-32.

[9] 易镇邪，王璞，屠乃美. 夏播玉米根系分布与含氮量对氮肥类型与施氮量的

响应 [J]. 植物营养与肥料学报, 2009 (1): 91-98.

[10] 朱艳霞, 郭玉海. 耕层柽柳根生长分布和管花肉苁蓉接种的 WINRHIZO 扫描观察 [J]. 中国农业大学学报, 2012, 17 (3): 43-48.

实验 17　鱼类种类的分子鉴定：DNA 条形码技术

【实验目的】

掌握 DNA 条形码技术进行鱼类种类分子鉴定的基本操作。

【实验原理】

2003 年，HEBERT 对动物界中 11 门 13 320 个物种的线粒体细胞色素 C 氧化酶亚基（mitochondrial cytochrome C oxidase subunit Ⅰ，CO Ⅰ）基因中一段长度为 648 bp 的基因序列进行分析，发现不同物种间的 CO Ⅰ 序列差异大，种内差异小，序列间的差异能够很好地区分所有研究物种，这种方法逐步发展起来并被命名为 DNA 条形码技术（DNA barcoding）。该技术可以在 DNA 水平上快速、便宜并且可信的区分物种，因而在生命科学、生态、环境，以及医药、食品等诸多领域都将具有广泛的应用前景。

【实验材料与试剂】

（1）样品：两种或多种鱼类的新鲜材料、乙醇保存或冻存材料。
（2）DNA 提取体系：海洋动物基因组 DNA 提取试剂盒（天根，北京）。
（3）PCR 体系：*Taq* DNA 聚合酶、10 × buffer、$MgCl_2$、dNTP 和 DNA barcoding primer。
（4）电泳体系：琼脂糖（Agar）、电泳缓冲液（TBE，TPE，TAE）、上样缓冲液（溴酚蓝，二甲苯青 FF，蔗糖，甘油）、DNA Marker、DNA 染料（SYBR green Ⅰ 或 EB）。
（5）耗材：PCR 管、1.5 mL 离心管、移液器吸头。

【仪器与设备】

PCR 仪，电泳仪，移液器，电子天平，微波炉，凝胶成像仪。

【方法与步骤】

1. 基因组 DNA 提取

采用海洋动物基因组 DNA 提取试剂盒（天根，北京）抽提 DNA，操作如下：

（1）使用前请先在缓冲液 GD 和漂洗液 PW 中加入无水乙醇，加入体积请参照瓶上的标签。

（2）切取不多于 30 mg 的组织材料，放入装有 200 μL GA 缓冲液的离心管中，涡旋振荡 15 s。

注意：根据提取的组织不同，起始量也稍有不同，腮的细胞量较大，一般建议提取量不超过 20 mg。

如果需要去除 RNA，可加入 4 μL RNase A（100 mg/mL）溶液（客户自备），振荡 15 s，室温放置 5 min。

（3）加入 20 μL Proteinase K（20 mg/mL）溶液，涡旋混匀，瞬时离心以去除管盖内壁的水珠。在 56 ℃放置直至组织完全溶解，瞬时离心以去除管盖内壁的水珠，再进行下一步骤。

注意：不同组织裂解时间不同，通常需 0.5～2 h 即可完成。扇贝组织 0.5 h 基本可裂解完全，虾和鱼类组织 1 h。每小时振荡混合样品 2～3 次，每次振荡混匀 15 s。

（4）加入 200 μL 缓冲液 GB，充分颠倒混匀，70 ℃下放置 10 min，溶液应变清亮，瞬时离心以去除管盖内壁的水珠。

注意：加入缓冲液 GB 时可能会产生白色沉淀，一般 70 ℃下放置时会消失，不会影响后续实验。如溶液未变清亮，说明细胞裂解不彻底，可能导致提取 DNA 量少和提取出的 DNA 不纯。

（5）加入 200 μL 无水乙醇，充分颠倒混匀，此时可能会出现絮状沉淀，瞬时离心以去除管盖内壁的水珠。

（6）将上一步所得溶液和絮状沉淀都加入一个吸附柱 CB3 中（吸附柱放入收集管中），12 000 r/min（13 400 g）离心 30 s，倒掉废液，将吸附柱 CB3 放回收集管中。

（7）向吸附柱 CB3 中加入 500 μL 缓冲液 GD（使用前请先检查是否已加入无水乙醇），12 000 r/min（13 400 g）离心 30 s，倒掉废液，将吸附柱 CB3 放入收集管中。

（8）向吸附柱 CB3 中加入 600 μL 漂洗液 PW（使用前请先检查是否已加入无水乙醇），12 000 r/min（13 400 g）离心 30 s，倒掉废液，将吸附柱 CB3 放入收集管中。

（9）重复操作步骤 8。

（10）将吸附柱 CB3 放回收集管中，12 000 r/min（13 400 g）离心 2 min，倒掉废液。将吸附柱 CB3 置于室温放置数分钟，以彻底晾干吸附材料中残余的漂洗液。

注意：这一步的目的是将吸附柱中残余的漂洗液去除，漂洗液中乙醇的残留会影响后续的酶反应（酶切、PCR 等）实验。

（11）将吸附柱 CB3 转入一个干净的离心管中，向吸附膜的中间部位悬空滴加 50～200 μL 洗脱缓冲液 TE，室温放置 2～5 min，12 000 r/min（13 400 g）离心 2 min，将溶液收集到离心管中。

注意：洗脱缓冲液体积不应少于 50 μL，体积过小影响回收效率。为增加基因组 DNA 的得率，可将离心得到的溶液再加入吸附柱 CB3 中，室温放置 2 min，12 000 r/min（13 400 g）离心 2 min。

洗脱液的 pH 值对于洗脱效率有很大影响。若用双蒸水做洗脱液应保证其 pH 在 7.0~8.5 范围内，pH 低于 7.0 会降低洗脱效率。DNA 产物应保存在 -20 ℃，以防降解。

2. DNA barcoding 分析

（1）引物设计参照 Ward 等（2005），序列为：

F1：TCA ACC AAC CAC AAA GAC ATT GGC AC；
F2：TCG ACT AAT CAT AAA GAT ATC GGC AC；
R1：TAG ACT TCT GGG TGG CCA AAG AAT CA；
R2：ACT TCA GGG TGA CCG AAG AAT CAG AA。
F1 与 F2 等体积混匀，R1 与 R2 等体积混匀。

（2）20 μL 体系（见表 17.1）。

表 17.1 DNA barcoding 分析的 PCR 反应体系

反 应 物	浓度/体积
Taq DNA 聚合酶	1 U
10 × buffer	2 μL
$MgCl_2$	2.0 mM
dNTP	0.2 mM
DNA 模板	40 ng
正反向引物	各 0.5 μM
ddH_2O	至 20 μL

（3）PCR 反应程序：94 ℃ 预变性 4 min 后接 30 个循环，每循环为 94 ℃ 变性 30 s，50 ℃ 退火 30 s，72 ℃ 延伸 45 s；72 ℃ 延伸 5 min。反应产物在 4 ℃ 下保存。

3. 电泳检测

扩增产物用 2% 琼脂糖凝胶电泳分离，EB 或 SYBR green I 染色后于 Bio-RAD Gel Doc 2000 自动成像仪上观察。

4. 序列分析

PCR 扩增产物纯化后直接测序，结果用 NCBI 的 Blast 工具（http://www.ncbi.nlm.nih.gov/blast/blast.cgi）进行相似性检索，确认目的片段和物种。利用 ClustalW 软件排序，MEGA 和 DNAsp 软件分析序列差异。

【注意事项】

在鱼类种类的分子鉴定之前,查阅《中国鱼类系统检索》对用于本实验的鱼类种类进行细致的形态学分类鉴定。

【作业】

(1) 通过 DNA 条形码技术鉴定不同种类的鱼类。
(2) 利用软件分析种内和种间的序列差异。

【思考题】

线粒体有多个功能基因,为什么选用 CO I 基因作为 DNA 条形码?

【参考文献】

[1] Hebert P D N, Cywinska A, Ball S L, et al. Biological identifications through DNA barcodes [J]. Proc R Soc B, 2003a, 270 (1512):313 – 322.

[2] Hebert P D N, Ratnasingham S, de Waard J R. Barcoding animal life:cytochrome C oxidase subunit I divergences among closely related species [J]. Proc R Soc B, 2003b, 270:96 – 992.

[3] Ward R D, Ze mLak T S, Innes B H, et al. DNA barcoding Australia's fish species [J]. Phil Trans R Soc B, 2005, 360 (1462):1847 – 1857.

实验 18 鱼类种类的分子鉴定：随机扩增多态 DNA(RAPD) 技术

【实验目的】

掌握随机扩增多态 DNA（RAPD）技术进行鱼类种类分子鉴定的基本操作。

【实验原理】

美国科学家 J. K. G. Wiliams 和 J. Welsh 于 1990 年在 *Nucleic Acids Research* 分别提出随机扩增多态 DNA（RAPD）技术。RAPD 基于 PCR 技术，利用 10 个碱基的随机引物 PCR 扩增基因组 DNA 片段，操作简单，具有 PCR 的高效性，而且无需预知基因组。广泛应用在生物遗传连锁图谱的构建、遗传多样性分析、品系分析、分子标记筛选、疾病诊断、生态遗传分析等方面。通过 RAPD 扩增可使某一种类出现特定的 DNA 条带，而在另一种类中可能无此条带产生，这种 DNA 多态性可作为种类鉴定的种特异性条带。

RAPD 技术原理：该技术使用一系列 10 个碱基的单链随机引物，对基因组 DNA 进行 PCR 扩增。引物结合位点 DNA 序列的改变以及两扩增位点之间 DNA 碱基的缺失、插入或置换均可导致扩增片段数目和长度的差异，经凝胶电泳分离、染色检测 DNA 片段的多态性（图 18.1）。

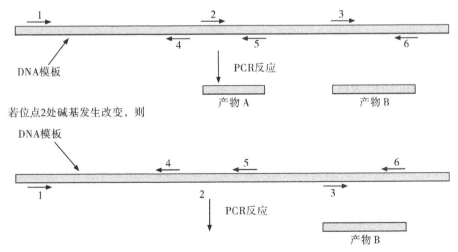

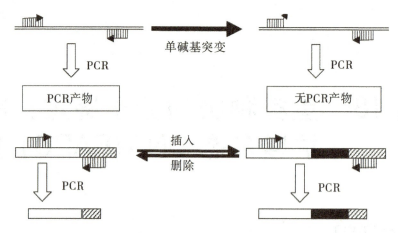

图 18.1　RAPD 技术的原理

【实验材料与试剂】

（1）样品：两种或多种鱼类的新鲜材料、乙醇保存或冻存材料。
（2）DNA 提取体系：海洋动物基因组 DNA 提取试剂盒（天根，北京）。
（3）PCR 体系：*Taq* DNA 聚合酶、10×buffer、$MgCl_2$、dNTP 和 RAPD primer。
（4）电泳体系：琼脂糖（Agar）、电泳缓冲液（TBE、TPE、TAE）、上样缓冲液（溴酚蓝，二甲苯青 FF，蔗糖，甘油）、DNA Marker、DNA 染料（SYBR green Ⅰ 或 EB）。
（5）耗材：PCR 管、1.5 mL 离心管、移液器吸头。

【仪器与设备】

PCR 仪，电泳仪，移液器，电子天平，微波炉，凝胶成像仪。

【方法与步骤】

1. **基因组 DNA 提取**

采用海洋动物基因组 DNA 提取试剂盒（天根，北京）抽提 DNA，操作见"实验 17 鱼类种类的分子鉴定：DNA 条形码技术"。

2. **RAPD 分析**

（1）RAPD 引物购置于 Operon Technologies（USA），根据要求选择引物数量。参见 http://www.eurofinsgenomics.eu/en/dna-rna-oligonucleotides/optimised-application-oligos/rapd-10mer-kits.aspx。

（2）参考 Williames 等（1990）的反应体系，并进行不同 Mg^{2+} 浓度、dNTP 浓度、

模板浓度以及 Taq DNA 聚合酶浓度的扩增实验,结合不同的实验对体系的反应条件进行优化(表 18.1)。

表 18.1 RAPD 分析的 PCR 反应体系

反应物	反应量
Taq DNA 聚合酶	1 U
10×buffer	2 μL
$MgCl_2$	1.5 mM
dNTP	0.2 mM
DNA 模板	20～40 ng
正反向引物	0.5 μM
ddH_2O	至 20 μL

(3) PCR 反应程序:94 ℃预变性 7 min 后接 45 个循环,每循环为 94 ℃变性 60 s,37 ℃退火 60 s,72 ℃延伸 2 min;72 ℃延伸 10 min。反应产物在 4 ℃下保存。

3. 电泳检测

扩增产物用 2% 琼脂糖凝胶电泳分离,EB 或 SYBR green Ⅰ染色,于 Bio-RAD Gel Doc 2000 自动成像仪上观察,找出不同鱼类种特异的 RAPD 条带(图 18.2)。

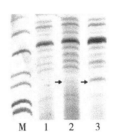

图 18.2 鱼类 RAPD 条带的琼脂糖凝胶电泳

【注意事项】

在鱼类种类的分子鉴定之前,查阅《中国鱼类系统检索》对用于本实验的鱼类种类进行细致的形态学分类鉴定。

尽管 RAPD 反应灵敏度高,但是影响因素较多,会出现重复性差等问题。为了得到较稳定的结果,各种反应参数必须事先优化选择,操作中每一步都必须小心谨慎,以防出现差错。

【作业】

找出不同鱼类种特异的 RAPD 条带。

【思考题】

(1) 分析 RAPD 和 DNA 条形码在鱼类种类鉴定中的异同。
(2) 影响 RAPD 重复性的因素有哪些?

【参考文献】

[1] Welsh J and McClelland M. Fingerprinting genomes using PCR with arbitrary primers [J]. Nucleic Acids Research, 1990, 18 (24): 7213-7218.

[2] Williams J K G, Kubelik A R, Livak K J, et al. DNA polymorphisms amplified by arbitrary primers are useful as genetic markers [J]. Nucleic Acids Research, 1990, 18 (22): 6531-6535.

实验 19　鱼类种类的分子鉴定：扩增片段长度多态（AFLP）技术

【实验目的】

掌握扩增片段长度多态（AFLP）技术进行鱼类种类分子鉴定的基本操作。

【实验原理】

AFLP 是由荷兰科学家 Pieter Vos 等发明的分子标记技术，1993 年获欧洲专利局专利，1995 年发表于 *Nucleic Acids Research*。AFLP 是基于 PCR 技术扩增基因组 DNA 限制性片段，结合了 RFLP 可靠性和 PCR 高效性的特点，而且无需预知基因组。该技术广泛用于生物遗传连锁图谱的构建、遗传多样性分析、品系分析、分子标记筛选、疾病诊断、生态遗传分析等方面。AFLP 扩增可使某一品种出现特定的 DNA 条带，而在另一品种中可能无此条带产生，这种 DNA 多态性可作为种类鉴定的种特异性条带。

AFLP 技术原理如图 19.1 所示：

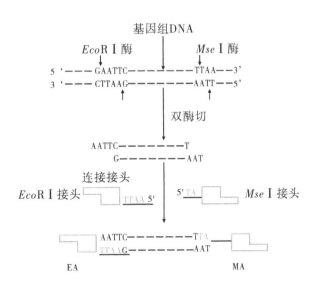

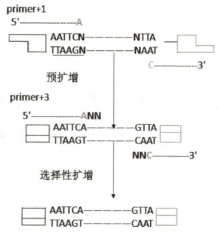

图 19.1　AFLP 技术的原理

（1）基因组 DNA 经限制性内切酶 EcoR Ⅰ 和 Mse Ⅰ 双酶切后，形成分子量大小不等的随机限制性片段。

（2）将特定的双链接头连接在这些 DNA 片段的两端，形成一个带接头的特异片段。

（3）通过接头序列和 PCR 引物 3′末端的选择性碱基的识别，扩增那些两端序列能与选择性碱基配对的限制性酶切片段。

（4）通过聚丙烯酰胺凝胶电泳，将特异的限制性片段分离开来。

（5）然后利用成像系统和分析软件检测凝胶上 DNA 指纹的多态性。

【实验材料与试剂】

（1）样品：两种或多种鱼类的新鲜材料、乙醇保存或冻存材料。

（2）DNA 提取体系：海洋动物基因组 DNA 提取试剂盒（天根，北京）。

（3）酶切体系：EcoR Ⅰ、Mse Ⅰ、10×NEB buffer、100×BSA。

（4）连接体系：EcoR Ⅰ 接头、Mse Ⅰ 接头、10×T4 DNA Ligation buffer、T4 DNA 连接酶。

（5）PCR 体系：Taq DNA 聚合酶、10×buffer、$MgCl_2$、dNTP、预扩增和选择性扩增 primer。

（6）电泳体系：

1）琼脂糖电泳体系：琼脂糖（agar）、电泳缓冲液（TBE，TPE，TAE）、上样缓冲液（溴酚蓝，二甲苯青 FF，蔗糖，甘油）、DNA Marker、DNA 染料（SYBR green Ⅰ 或 EB）。

2）聚丙烯酰胺凝胶电泳体系：丙烯酰胺、TEMED、APS。

（7）银染体系：参见"实验 23　银染技术"。

（8）耗材：PCR 管、1.5 mL 离心管、移液器吸头。

【仪器与设备】

PCR 仪，电泳仪，移液器，电子天平，微波炉，凝胶成像仪。

【方法与步骤】

1. 基因组 DNA 提取

采用海洋动物基因组 DNA 提取试剂盒（天根，北京）抽提 DNA，操作见"实验17 鱼类种类的分子鉴定：DNA 条形码技术"。

2. 酶切

基因组 DNA 用 6 个识别位点的 *Eco*R Ⅰ 和 4 个识别位点的 *Mse* Ⅰ 双酶切，可产生 3 种酶切片段：*Mse* Ⅰ - *Mse* Ⅰ、*Mse* Ⅰ - *Eco*R Ⅰ、*Eco*R Ⅰ - *Eco*R Ⅰ 片段，扩增产物主要是 *Eco*R Ⅰ - *Mse* Ⅰ 片段。

例：实验反应体系（20 μL）如表 19.1。

表 19.1 基因组 DNA 双酶切反应体系

反 应 物	反 应 量
基因组 DNA	250 ng
10 × NEB buffer	2 μL
100 × BSA（10 mg/mL）	0.2 μL
*Eco*R Ⅰ	0.5 μL
Mse Ⅰ	0.5 μL
灭菌 ddH$_2$O	至 20 μL

样品混合均匀后，置 37 ℃温育 4 h，65 ℃终止酶切 10 min。视样品和实验要求不同，可进行酶浓度对照和反应时间对照实验，选择最佳反应体系。

酶切后电泳条带检测：DNA 基本在 1 000 bp 以下弥散开，亮度很低，没有条带（图 19.2）。

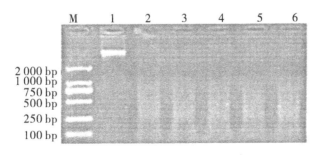

图 19.2 基因组 DNA 双酶切凝胶电泳图

3. 连接

接头（adaptor）由两部分组成，一部分是核心序列（core sequence），另一部分是酶特定序列（enzyme-specific sequence），能与酶切片段黏端互补（图19.3）。

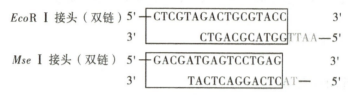

图 19.3　AFLP 的接头构成

酶切后的 DNA 片段在 T4 DNA 连接酶作用下与两种内切酶相应的特定接头相连接，形成带接头的特异性片段。反应体系如下表 19.2。

例：连接体系（20 μL）。

表 19.2　AFLP 技术的接头连接反应体系

反　应　物	反　应　量
酶切产物	2 μL
10×T4 DNA 连接酶缓冲液	2 μL
EcoR I 接头（4 μmol/L）	1.25 μL
Mse I 接头（20 μmol/L）	2.5 μL
T4 DNA 连接酶	0.5 μL
ddH$_2$O	至 20 μL

16 ℃ 连接过夜后，65 ℃ 终止反应 10 min。

电泳检测连接效果：样品在 500 bp ～ 250 bp 之间弥散、较亮（图19.4）。

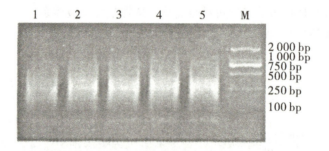

图 19.4　基因组 DNA 酶切产物与接头连接的凝胶电泳图

4. PCR 预扩增

（1）AFLP 扩增所用的引物包括 3 部分：5′端的与人工接头序列互补的核心序列，

限制性内切酶特定序列和 3′端的带有选择性碱基的黏性末端;

(2) PCR 预扩增的引物 3′端具有一个选择性碱基(EcoR Ⅰ + A, Mse Ⅰ + C)。

(3) 通过预扩增对扩增模板进行初步筛选,一方面可以避免直接扩增造成的指纹带型背景拖尾现象,另一方面可以避免直接扩增由引物 3′端 3 个选择碱基误配形成的扩增产物。扩增体系如表 19.3。

EcoR Ⅰ 预扩增引物　GACTGCGTACCAATTCA

5′　CTCGTAGACTGCGTACC ……………………………………………… 3′
　　　　　　　　　↓
3′　　　　　　CTGACGCATGGTTAA ……………………………………… 5′
　　　　　　　　　　↑

表 19.3　AFLP 技术的预扩增体系

反　应　物	反　应　量
酶切连接产物	2 μL
10 × Taq Buffer	2.5 μL
EcoR Ⅰ 预扩增引物	75 ng
Mse Ⅰ 预扩增引物	75 ng
dNTP (2.5 mmol/L)	2 μL
$MgCl_2$ (25 mmol/L)	2 μL
Taq DNA 聚合酶	1 U
灭菌 ddH_2O	至 25 μL

PCR 反应程序:94 ℃预变性 2 min 后接 30 个循环,每循环为 94 ℃变性 30 s,56 ℃退火 30 s,72 ℃延伸 80 s;72 ℃延伸 10 min,反应产物 4 ℃保存。

预扩增结束后,PCR 预扩增产物用灭菌 ddH_2O 稀释 10 倍用于选择性扩增。剩余样品置于 -20 ℃长期保存。

5. PCR 选择性扩增

选择性扩增使用的引物中含 3 个选择性碱基,可通过 3 个选择碱基的变换扩增(EcoR Ⅰ + ANN, Mse Ⅰ + CNN),获得丰富的 DNA 片段(256 对引物组合)。

一般选择性扩增采用温度梯度 PCR,PCR 开始于高复性温度(多为 65 ℃)增强选择性,随后复性温度经过循环逐步降低到稳定复性效果最好的温度(多 56 ℃),并保持此温度完成其余 PCR 循环。反应体系如表 19.4。

例:选择性扩增(25 μL)。

表 19.4　AFLP 技术的选择性扩增体系

反　应　物	反　应　量
稀释 10 倍的预扩增产物	2 μL
EcoR Ⅰ 选择性扩增引物	50 ng

续表 19.4

反 应 物	反 应 量
Mse I 选择性扩增引物	75 ng
dNTP (2.5 mmol/L)	2 μL
MgCl$_2$ (25 mmol/L)	2 μL
Taq DNA 聚合酶	0.75 U
ddH$_2$O	至 25 μL

PCR 反应程序：95 ℃ 预变性 3 min 后接 13 个循环；94 ℃ 变性 30 s，65 ℃ 退火 30 s，72 ℃ 延伸 1 min，退火温度每个循环降低 0.7 ℃；然后 94 ℃ 变性 30 s，56 ℃ 退火 30 s，72 ℃ 延伸 1 min，共 23 个循环；72 ℃ 延伸 10 min。

6．电泳检测

选择性扩增产物一般在 6% 的变性聚丙烯酰胺凝胶（SDS-PAGE）上经过电泳分离，形成 DNA 指纹，凝胶经过银染法可检测 DNA 指纹多态性。

配胶：80 mL 的 6% 的丙烯酰胺溶液 + 50 μL 的 TEMED + 500 μL 的 10% 的 APS 溶液。

灌胶：混合均匀，立刻灌胶（图 19.5），避免出现气泡，待玻璃板灌满之后，将梳子背部插入胶中，一般经 1～2 h，聚丙烯酰胺凝胶便可凝固。

电泳：ECP – JY3000 电泳仪、1×TBE 电泳液、变性上样液（同体积扩增产物 + 甲酰胺上样缓冲液，95 ℃ 变性 5 min，后立即置冰水浴冷却）。电压 150 V，恒功率 40 W，电流 40 mA，预电泳 30 min 后，至玻板温度上升到 50 ℃。插梳齿孔，4 μL 上样（图 19.6），电泳 3 h。

图 19.5　SDS-PAGE 的灌胶

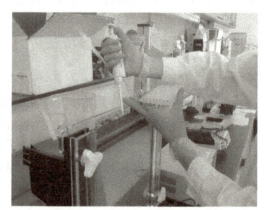

图 19.6　SDS-PAGE 的上样

7．银染

见"实验 23　银染技术"的操作。

8. 数据统计分析

胶片拍照保存，用 Gel-pro Analyzer 4.5 分析条带的有无，有带记为"1"无带记为"0"。找出不同鱼类种特异的 AFLP 条带。

【注意事项】

在鱼类种类的分子鉴定之前，查阅《中国鱼类系统检索》对用于本实验的鱼类种类进行细致的形态学分类鉴定。

制备高分子量（HMW）基因组 DNA，避免部分降解是 AFLP 成功的关键。可进行如下操作：琼脂糖凝胶电泳检测 DNA 抽提质量；检测 DNA 的浓度及 OD 值，介于 1.8～1.9 较优；DNA 样品于 -80 ℃ 长期保存。

【作业】

找出不同鱼类种特异的 AFLP 条带。

【思考题】

AFLP 和 RAPD 在鱼类种类鉴定中各有何优缺点？

【参考文献】

[1] Vos P, Hogers R, Bleeker M, et al. AFLP: a new technique for DNA fingerprinting [J]. Nucleic Acids Res, 1995, 23 (21): 4407-4414.

[2] Zabeau M, Vos P. Selective restriction fragment amplification: a general method for DNA fingerprinting [J]. European patent office publication, 1993, 0535 858A1.

实验20 哺乳类性别的分子鉴定：SRY基因

【实验目的】

掌握性别决定基因SRY（sex determination region Y gene）进行哺乳类性别分子鉴定的基本操作。

【实验原理】

SRY基因在哺乳类性别决定中起关键作用，它启动睾丸的分化。哺乳类性别分化是以SRY基因为主导的多基因协调作用的结果，定位于Y染色体p11.23的SRY基因，其缺失、突变、易位等异常对于探讨性别决定机制具有重要意义。1966年P. A. Jacobs等证实，并不是整个Y染色体与性别决定有关，雄性决定因子只存在于Y染色体短臂上，称为睾丸决定因子（testis determination factor，TDF）；1987年D. C. Page等在Y染色体短臂发现ZPY基因，认为其可能是TDF的候选基因；直到1990年，A. H. Sinclair等经定位克隆在此区分离出性别决定基因SRY。可设计引物，通过PCR扩增SRY基因进行性别鉴别（图20.1）。

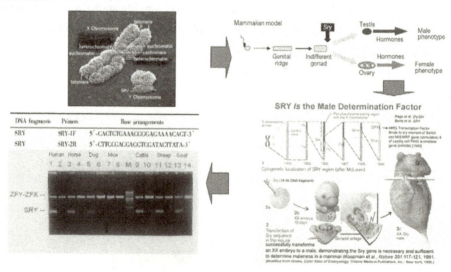

图20.1 哺乳类动物的性别决定基因SRY

【实验材料与试剂】

(1) 样品：人口腔上皮细胞。
(2) DNA 提取体系：口腔拭子基因组提取试剂盒（天根，北京）。
(3) PCR 体系：*Taq* DNA 聚合酶、10×buffer、$MgCl_2$、dNTP 和 SRY primer。
(4) 电泳体系：琼脂糖（Agar）、电泳缓冲液（TBE，TPE，TAE）、上样缓冲液（溴酚蓝，二甲苯青 FF，蔗糖，甘油）、DNA Marker、DNA 染料（SYBR green Ⅰ 或 EB）。
(5) 耗材：PCR 管、1.5 mL 离心管、移液器吸头。

【仪器与设备】

PCR 仪，电泳仪，移液器，电子天平，微波炉，凝胶成像仪。

【方法与步骤】

1. 基因组 DNA 提取

采用口腔拭子基因组提取试剂盒（天根，北京）抽提 DNA，操作如下：

(1) 使用前请先在缓冲液 GD 和漂洗液 PW 中加入无水乙醇，加入体积请参照瓶上的标签。

(2) 取样：使用棉签在面颊内擦拭 10 次。

注意：为了保证样本不被食物或者饮料污染，取样前 30 min 内请勿进食和饮水。

(3) 处理材料：将在面颊内擦拭过的棉签转置于 2 mL 离心管中，用剪刀将棉签部分从其杆上剪下，加入 400 μL 缓冲液 GA。

注意：如果需要去除 RNA，可加入 4 μL RNase A（100 mg/mL）溶液，振荡 15 s，室温放置 5 min。

(4) 加入 20 μL Proteinase K 溶液，涡旋 10 s 混匀，56 ℃ 放置 60 min，其间每 15 min 涡旋混匀数次。

(5) 加入 400 μL 缓冲液 GB，充分颠倒混匀，70 ℃ 放置 10 min。此时溶液应变清亮，瞬时离心以去除管盖内壁的液滴，然后挤压去除拭子，将尽可能多的裂解液转移至新的离心管中。

注意 1：加入缓冲液 GB 时可能会产生白色沉淀，一般 70 ℃ 放置时会消失，不会影响后续实验。如溶液未变清亮，说明细胞裂解不彻底，可能导致提取 DNA 量少和提取出的 DNA 不纯。

注意 2：如果由于拭子上细胞数少导致提取的基因组 DNA 少于 1 μg，可以在添加缓冲液 GB 的同时添加 Carrier RNA（客户自备）。

(6) 加 200 μL 无水乙醇，充分颠倒混匀，瞬时离心以去除管盖内壁的液滴。

注意：加入无水乙醇后可能会出现絮状沉淀，但不影响 DNA 提取。

（7）将上一步所得溶液和絮状沉淀都加入一个吸附柱 CR2 中（吸附柱 CR2 放入收集管中），12 000 r/min（13 400 g）离心 30 s，倒掉收集管中的废液，将吸附柱 CR2 放回收集管中。

（8）向吸附柱 CR2 中加入 500 μL 缓冲液 GD（使用前请先检查是否已加入无水乙醇），12 000 r/min（13 400 g）离心 30 s，倒掉收集管中的废液，将吸附柱 CR2 放回收集管中。

（9）向吸附柱 CR2 中加入 600 μL 漂洗液 PW（使用前请先检查是否已加入无水乙醇），12 000 r/min（13 400 g）离心 30 s，倒掉收集管中的废液，将吸附柱 CR2 放回收集管。

（10）重复操作步骤 9。

（11）12 000 r/min（13 400 g）离心 2 min，倒掉废液。将吸附柱 CR2 室温放置数分钟，以彻底晾干吸附材料中残余的漂洗液。

注意：这一步的目的是将吸附柱中残余的漂洗液去除，漂洗液中乙醇的残留会影响后续的酶反应（酶切、PCR 等）实验。

（12）将吸附柱 CR2 转入一个干净的离心管中，向吸附膜中间位置悬空滴加 20～50 μL 洗脱缓冲液 TB，室温放置 2～5 min，12 000 r/min（13 400 g）离心 2 min。

2. 扩增 SRY 基因

（1）SRY 引物序列。

SRY - F：5′- CAT GAA CGC ATT CAT CGT GTG GTC - 3′；

SRY - R：5′- CTG CGG GAA GCA AAC TGC AAT TCT T - 3′。

（2）20 μL 体系（表 20.1）。

表 20.1 SRY 基因的 PCR 扩增体系

反 应 物	反 应 量
Taq DNA 聚合酶	1 U
10 × buffer	2 μL
$MgCl_2$	2.0 mM
dNTP	0.2 mM
DNA 模板	40 ng
正反向引物	各 0.5 μM
ddH_2O	至 20 μL

（3）PCR 反应程序：94 ℃ 预变性 4 min 后接 30 个循环，每循环为 94 ℃ 变性 30 s，60 ℃ 退火 30 s，72 ℃ 延伸 45 s；72 ℃ 延伸 5 min。反应产物在 4 ℃ 保存。

3. 电泳检测

扩增产物用 2% 琼脂糖凝胶电泳分离，EB 或 SYBR green Ⅰ 染色，于 Bio-RAD Gel

Doc 2000 自动成像仪上观察。

4. 结果分析

根据电泳检测结果，DNA-SRY 阳性为♂，阴性为♀。

【注意事项】

对哺乳类进行性别分子鉴定时，应结合外部性征和染色体检测等加以确定。

【作业】

扩增 SRY 基因，对哺乳类的性别进行鉴定。

【思考题】

除 SRY 基因外，还有哪些基因可用于哺乳类性别的分子鉴定？

【参考文献】

［1］Jacobs P A, Ross A. Structural Abnormalities of the Y Chromosome in Man［J］. Nature, 1966, 210: 352－354.

［2］Sinclair A H, Berta P, Palmar M S, et al. A gene from the human sex-determining region encodes a protein with homology to a conserved DNA binding motif［J］. Nature, 1990, 346: 240－244.

［3］Page D C, Mosher R, Simpson E M, et al. The sex-determining region of the human Y chromosome［J］. Cell, 1987, 51: 1094－1104.

实验 21　鸟类性别的分子鉴定：CHD 基因

【实验目的】

掌握鸟类 W 染色体螺旋蛋白基因 CHD（chromo-helicase-DNA-binding gene）进行鸟类性别分子鉴定的基本操作。

【实验原理】

全世界的鸟类中有 50% 是单态性鸟，无论是幼鸟还是成鸟，它们的性别都很难从外观及其他行为上判断区别，鸟类性别鉴定对于鸟类配对、育种和遗传疾病的防治都有重要意义。1996 年，H. Ellegren 等克隆了第一个 CHD 基因。CHD 基因在非平胸目鸟中保守表达，在 W 和 Z 染色体上各有一个拷贝，两者的外显子序列和大小相似，内含子大小却有很大差别。根据这个特性，利用内含子两侧保守序列设计特异性引物，用少量欲测鸟类细胞的 DNA 进行 PCR 扩增。电泳后出现两条大小不同条带的为雌性；出现一条条带的为雄性（见图 21.1）。

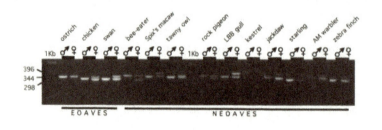

图 21.1　鸟类性别的 CHD 基因鉴定

【实验材料与试剂】

（1）样品：鸟类血液。
（2）DNA 提取体系：血液基因组提取试剂盒（天根，北京）。
（3）PCR 体系：*Taq* DNA 聚合酶、10×buffer、$MgCl_2$、dNTP 和 CHD primer。

(4) 电泳体系：琼脂糖（Agar）、电泳缓冲液（TBE，TPE，TAE）、上样缓冲液（溴酚蓝，二甲苯青 FF，蔗糖，甘油）、DNA Marker、DNA 染料（SYBR green Ⅰ 或 EB）。

(5) 耗材：PCR 管、1.5 mL 离心管、移液器吸头。

【仪器与设备】

PCR 仪，电泳仪，移液器，电子天平，微波炉，凝胶成像仪。

【方法与步骤】

1. 基因组 DNA 提取

采用血液基因组提取试剂盒（天根，北京）抽提 DNA，操作如下：

(1) 使用前先在缓冲液 GD 和漂洗液 PW 中加入无水乙醇，加入体积请参照瓶上的标签。

(2) 处理血液材料（本产品适用于处理已添加抗凝剂的 100 μL～1 mL 血液样品）。

1) 当血液样品体积小于 200 μL 时，可加缓冲液 GS 补足体积至 200 μL，再进行下一步实验；如血液样品体积为 200 μL，可直接进行下一步实验，不需加入 GS。

2) 当血液样品体积超过 200 μL 时，需用细胞裂解液 CL 处理，具体步骤如下：

在样品中加入 1～2.5 倍体积的细胞裂解液 CL，颠倒混匀，10 000 r/min（11 500 g）离心 1 min，吸去上清，留下细胞核沉淀（如果裂解不彻底，可重复以上步骤一次），向离心收集到的细胞核沉淀中加 200 μL 缓冲液 GS，振荡至彻底混匀。

3) 如果处理血样为禽类、鸟类、两栖类或更低级生物的抗凝血液，其红细胞为有核细胞，处理量为 5～20 μL，可加缓冲液 GS 补足 200 μL 后进行下面的裂解步骤。

注意：如果需要去除 RNA，可加入 4 μL RNase A（100 mg/mL）溶液，振荡 15 s，室温放置 5 min。

(3) 加入 20 μL Proteinase K 溶液，混匀。

(4) 加 200 μL 缓冲液 GB，充分颠倒混匀，56 ℃放置 10 min，其间颠倒混匀数次，溶液应变清亮（如溶液未彻底变清亮，请延长裂解时间至溶液清亮为止）。

注意：加入缓冲液 GB 时可能会产生白色沉淀，一般 37 ℃放置时会消失，不会影响后续实验。如溶液未变清亮，说明细胞裂解不彻底，可能导致提取 DNA 量少和提取出的 DNA 不纯。当血液体积≤200 μL 且没有采用红细胞裂解处理，或是样本储存条件不佳，水浴后颜色可能为深褐色，注意溶液中没有团块等沉淀。

(5) 加 200 μL 无水乙醇，充分颠倒混匀，此时可能会出现絮状沉淀。

(6) 将上一步所得溶液和絮状沉淀都加入一个吸附柱 CB3 中（吸附柱 CB3 放入收集管中），12 000 r/min（13 400 g）离心 30 s，弃收集管中的废液，将吸附柱 CB3 放入收集管中。

(7) 向吸附柱 CB3 中加入 500 μL 缓冲液 GD（使用前请先检查是否已加入无水乙醇），12 000 r/min（13 400 g）离心 30 s，倒掉收集管中的废液，将吸附柱 CB3 放入收集管中。

(8) 向吸附柱 CB3 中加入 600 μL 漂洗液 PW（使用前请先检查是否已加入无水乙醇），12 000 r/min（13 400 g）离心 30 s，倒掉收集管中的废液，将吸附柱 CB3 放入收集管中。

(9) 重复操作步骤 8。

(10) 12 000 r/min（13 400 g）离心 2 min，倒掉废液。将吸附柱 CB3 置于室温放置数分钟，以彻底晾干吸附材料中残余的漂洗液。

注意：这一步的目的是将吸附柱中残余的漂洗液去除，漂洗液中乙醇的残留会影响后续的酶反应（酶切、PCR 等）实验。

(11) 将吸附柱 CB3 转入 1.5 mL 离心管中，向吸附膜中间位置悬空滴加 50～200 μL 洗脱缓冲液 TB，室温放置 2～5 min，12 000 r/min（13 400 g）离心 2 min，将溶液收集到离心管中。

注意：洗脱缓冲液体积不应少于 50 μL，体积过小影响回收效率。为增加基因组 DNA 的得率，可将离心得到的溶液再加入吸附柱 CB3 中，室温放置 2 min，12 000 r/min（13 400 g）离心 2 min。洗脱液的 pH 对于洗脱效率有很大影响。若用双蒸水做洗脱液应保证其 pH 在 7.0～8.5 范围内，pH 低于 7.0 会降低洗脱效率；DNA 产物应保存在 −20 ℃下，以防降解。

2. 扩增 CHD 基因

(1) CHD 引物设计参照 A. K. Fridolfsson and H. Ellegren（1999），序列为：
2550F：5′- GTTACTGATTCGTCTACGAGA -3′；
2718R：5′- ATTGAAATGATCCAGTGCTTG -3′。

(2) 反应体系（20 μL）如表 21.1。

表 21.1 CHD 基因的 PCR 反应体系

反应物	反应量
Taq DNA 聚合酶	1 U
10 × buffer	2 μL
$MgCl_2$	1.5～1.75 mM
dNTP	0.2 mM
DNA 模板	40 ng
正反向引物	各 0.5 μM
ddH_2O	至 20 μL

(3) PCR 反应程序：94 ℃预变性 4 min 后接 30 个循环，每循环为 94 ℃变性 30 s，50 ℃退火 30 s，72 ℃延伸 45 s；72 ℃延伸 5 min。反应产物在 4 ℃保存。

3. 电泳检测

扩增产物用 2% 琼脂糖凝胶电泳分离，EB 或 SYBR green I 染色，于 Bio-RAD Gel Doc 2000 自动成像仪上观察。

4. 结果分析

根据电泳检测结果，一条带为♂，两条带为♀。

【注意事项】

对鸟类进行性别分子鉴定时，应结合翻肛、伴性遗传和染色体检测等加以确定。

【作业】

扩增 CHD 基因，对鸟类的性别进行鉴定。

【思考题】

除 CHD 基因外，还有哪些基因可用于鸟类的性别分子鉴定？

【参考文献】

[1] Fridolfsson A K and Ellegren H. A simple and universal method for molecular sexing of non-ratite birds [J]. Journal of Avian Biology, 1999, 30: 116－121.

[2] Griffiths R, Double M C, Orr K, et al. A DNA test to sex most birds [J]. Molecular Ecology, 1998, 7: 1071－1075.

实验 22　鱼类种群遗传分析：线粒体基因及微卫星分子标记技术

【实验目的】

掌握线粒体基因及微卫星分子标记技术进行鱼类种群遗传分析的基本操作。

【实验原理】

渔业资源的保护和管理需要对鱼类种群结构有比较清晰的了解。使用分子标记，如线粒体基因（图 22.1）及微卫星，系统分析种群的遗传结构，对渔业资源保护和利用来说具有重要价值，尤其是对那些具有重要的经济价值且受到严重威胁的鱼类。

线粒体基因由于具有较快的进化速率、在减数分裂中不会像核基因那样的发生重组等优点，广泛应用于种群内以及种群间的个体亲缘关系的研究中。J. C. Avise 等（1987）开创了一个新的分子生态学的研究领域——分子系统地理学（phylogeography），主要就是利用 mtDNA 标记研究地理环境对遗传因素的影响。

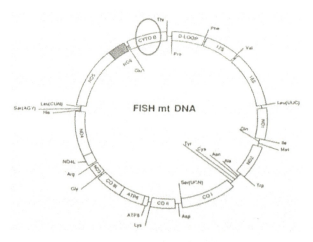

图 22.1　鱼类线粒体基因组 DNA

微卫星也即简单重复序列（simple sequence repeats，SSR）（Tautz，1989），是指在核心序列和重复数目上存在差异的一段基因组 DNA 序列，在个体之间具有等位基因的变异性（图 22.2）。微卫星序列两侧的侧翼序列相对保守，能够用来设计特异性寡核苷酸引物，因此多态性序列很容易通过 PCR 反应得到扩增。此外，微卫星标记具有高度的变异性（Hughes and Queller，1989）。

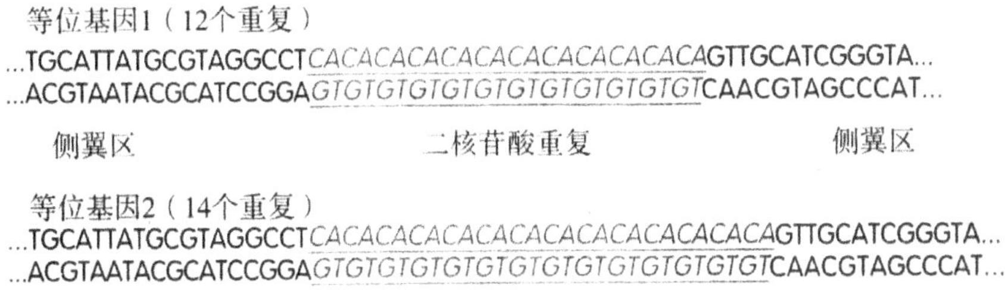

```
等位基因1（12个重复）
...TGCATTATGCGTAGGCCT CACACACACACACACACACACACA GTTGCATCGGGTA...
...ACGTAATACGCATCCGGA GTGTGTGTGTGTGTGTGTGTGTGT CAACGTAGCCCAT...
       侧翼区              二核苷酸重复              侧翼区

等位基因2（14个重复）
...TGCATTATGCGTAGGCCT CACACACACACACACACACACACACACA GTTGCATCGGGTA...
...ACGTAATACGCATCCGGA GTGTGTGTGTGTGTGTGTGTGTGTGTGT CAACGTAGCCCAT...
```

图 22.2 微卫星

【实验材料与试剂】

（1）样品：不同地理群体的斜带石斑鱼。
（2）DNA 提取体系：海洋动物基因组 DNA 提取试剂盒（天根，北京）。
（3）PCR 体系：*Taq* DNA 聚合酶、10 × buffer、$MgCl_2$、dNTP、mtDNA primer 和 SSR primer。
（4）电泳体系：
1）琼脂糖电泳体系：琼脂糖（Agar）、电泳缓冲液（TBE，TPE，TAE）、上样缓冲液（溴酚蓝，二甲苯青 FF，蔗糖，甘油）、DNA Marker、DNA 染料（SYBR green Ⅰ 或 EB）。
2）聚丙烯酰胺凝胶电泳体系：丙烯酰胺、TEMED、APS。
（5）银染体系（见"实验 23 银染技术"）。
（6）耗材：PCR 管、1.5 mL 离心管、移液器吸头。

【仪器与设备】

PCR 仪，电泳仪，移液器，电子天平，微波炉，凝胶成像仪。

【方法与步骤】

1. 基因组 DNA 提取

采用海洋动物基因组 DNA 提取试剂盒（天根，北京）抽提 DNA，操作见"实验 17 鱼类种类的分子鉴定：DNA 条形码技术"。

2. 线粒体基因分析

（1）线粒体基因选用细胞色素 b 基因（Cyt b），引物序列为：

Cytb - F：5′- TAACCAGGACTTATGGCTTG - 3′；

Cytb - R：5′- AGAACGCCGGTCTTGTAAGC - 3′。

（2）PCR 反应体系参照"实验 17　鱼类种类的分子鉴定：DNA 条形码技术"。

（3）PCR 反应程序参照"实验 17　鱼类种类的分子鉴定：DNA 条形码技术"。

（4）电泳检测参照"实验 17　鱼类种类的分子鉴定：DNA 条形码技术"。

（5）数据分析。线粒体 Cyt b 基因序列用 BioEdit 和 DnaSP 软件进行编辑、校对和排序。每个群体的遗传多样性参数包括单倍型多态性（Hd）和核苷酸多态性（π），用 DnaSP 计算得到。ARLEQUIN 计算群体整体水平上的 Fst 值。

3. 微卫星分析

（1）微卫星引物设计参照 Wang 等（2010），引物序列为：

Ec_122 - F：5′- CATTCCTTAAAGTATTCTGTG - 3′；

Ec_122 - R：5′- CCACAGCCAGTCTAGGTATTC - 3′；

Ec_154 - F：5′- AGCTGCTCAACAGGTTGTGTT - 3′；

Ec_154 - R：5′- CAAGTTCCATATGTGCTCTGACA - 3′。

（2）PCR 反应体系（20 μL），如表 22.1。

表 22.1　微卫星分析的 PCR 反应体系

反　应　物	反　应　量
Taq DNA 聚合酶	1 U
10 × buffer	2 μL
$MgCl_2$	1.5 mM
dNTP	0.2 mM
DNA 模板	40 ng
正反向引物	各 0.5 μM
ddH_2O	至 20 μL

（3）PCR 反应程序：94 ℃预变性 5 min 后接 30 个循环，每循环为 94 ℃ 变性 30 s，55 ℃ 退火 30 s，72 ℃ 延伸 1 min；72 ℃延伸 5 min。反应产物在 4 ℃保存。

（4）电泳检测：PCR 产物通过 6% 变性聚丙烯酰胺凝胶电泳分离，片段长度根据 pBR322 DNA/*Msp*I marker 估测。参照"实验 19　鱼类种类的分子鉴定：扩增片段长度多态（AFLP）技术"。

（5）数据分析：群体内的遗传多样性参数包括每个 SSR 位点的等位基因数目（A）、基因丰度（Ar）、观测杂合度（H_o）以及期望杂合度（H_e），用 FSTAT 软件检测。Genepop 4.0 软件包用来检测连锁不平衡（LD）和哈迪 - 温伯格平衡（HWE），显著性水平用 Bonferroni 修正。

群体间的遗传分化使用软件 Arlequin 估测 pairwise F_{st} 值,统计显著性采用 1 000 次重复取样计算。用 TFPGA 程序中的 Mantel test 分析了地理隔离对遗传结构的影响。

【注意事项】

理解和掌握各个遗传参数的含义。

【作业】

利用线粒体基因和微卫星分子标记技术分析斜带石斑鱼种群结构,统计群体内和群体间的遗传参数。

【思考题】

线粒体基因和微卫星分子标记技术分析鱼类种群结构在方法和结果上有何异同?

【参考文献】

[1] Avise J C, Arnold J, Ball R M, et al. Intraspecific phylogeography: the mitochondrial DNA bridge between population genetics and systematics [J]. Annu Rev Ecol Syst, 1987, 18: 489-522.

[2] Tautz D. Hypervariability of simple sequences as a general source for polymorphic DNA markers [J]. Nucleic Acids Research, 1989, 17: 6463-6471.

[3] Hughes C R, Queller D C. Detection of highly polymorphic microsatellite loci in a species with little allozyme polymorphism [J]. Mol Ecol, 1989, 2: 131-137.

[4] Wang L, Meng Z, Liu X, et al. Genetic diversity and differentiation of orange-spotted grouper (*Epinephelus coioides*) between and within cultured stocks and wild populations inferred from microsatellite DNA analysis [J]. Int J Mol Sci, 2011, 12 (7): 4378-4394.

实验 23　银染技术

【实验目的】

掌握银染技术的基本操作。

【实验原理】

银染是一种重要的 PAGE 染色方法，由于其成本低，所用试剂安全、快速、灵敏而被广泛应用。银离子和 DNA 结合，还原剂甲醛把银离子还原成银颗粒，使 DNA 条带呈黑褐色而显现出来，其灵敏度比 EB 高 200 倍。

【实验材料与试剂】

（1）样品：AFLP 或 SSR 实验的 PCR 扩增产物。
（2）固定液：
1) 10% 乙醇 +0.5% 冰醋酸。
2) 10% 冰醋酸。
3) 纯水。
（3）染色液：2‰（W/V）硝酸银溶液（2g 硝酸银粉末溶于 1 L 纯水中）。
（4）显影液：20 g 氢氧化钠粉末 +0.5 g 无水碳酸钠 +4 mL（37%）甲醛溶液溶于 1 L 纯水中（预冷）。

【仪器与设备】

数码相机，凝胶成像仪，托盘，移液器。

【方法与步骤】

（1）固定：将 PAGE 胶放在 2 L 的纯水或 10% 冰醋酸溶液中固定约 10 min，轻轻摇动至胶全部脱色（图 23.1）。
（2）漂洗：用纯水冲洗胶板 3 次，每次约 2 min。

图 23.1　PAGE 胶的固定

（3）染色：倒掉纯水后，加入 2 L 新鲜配制的 2‰ $AgNO_3$ 染色液并轻轻摇动，银染约 30 min（图 23.2）。

图 23.2　PAGE 胶的染色

（4）漂洗：回收染色液后，加 1 L 的双蒸水进行水洗，约 5 s。
（5）显影：倒掉纯水后，加 1 L 的预冷至 4 ℃ 的显色液进行显色直至条带清晰（图 23.3）。

图 23.3　PAGE 胶的显影

（6）漂洗：倒掉显色液后，加 1 L 纯水进行水洗终止。银染的胶如图 23.4。
（7）干燥：室温下自然干燥。

图 23.4　银染后的 PAGE 胶

【注意事项】

（1）显影过程很快，要注意把握时间，避免染色过度。
（2）显影液需要预冷。
（3）所用器皿要洁净。
（4）清洗用水尽量用高纯度去离子水，减少背景着色。

【作业】

将 AFLP 和 SSR 的 PAGE 电泳结果进行银染。

【思考题】

除银染外，还有哪些电泳凝胶的染色方法？各有何优缺点？

【参考文献】

[1] 朱正歌，贾继增，孙宗修. 水稻 AFLP 指纹银染法显带研究 [J]. 中国水稻科学，2002，16（1）：71 – 73.

[2] 赵翀，刘法央，郭玉霞，等. AFLP 荧光标记和银染技术的比较分析 [J]. 甘肃农业大学学报，2007，2：125 – 129.

[3] 李西平，钱新华，姚英民，等. 聚丙烯酰胺凝胶电泳银染方法的选择 [J]. 第一军医大学学报，2004，24（9）：1072 – 1074.

[4] 霍金龙，曾嵘，潘伟荣，等. 微卫星 PCR 聚丙烯酰胺凝胶银染法影响因素的分析研究 [J]. 云南农业大学学报，2005，20（1）：11 – 15.

实验24　分子生态学数据分析和软件使用

【实验目的】

掌握分子生态学数据分析方法；掌握常用分析软件的使用；学习和了解常用的遗传参数。

【实验原理】

1. 遗传分析

在获得相关分子生态学数据后，遵循生物体的遗传规律，利用统计学方法进行数据分析，获得研究对象的生物学遗传信息，从而揭示其生命活动的意义。

（1）等位基因频率（F_x）。

$F_x = \dfrac{2Nxx + Nxy}{N}$，$Nxx$ 为纯合子个体数，Nxy 为杂合子个体数，N 为个体总数。

以上公式只针对共显性标记，而对于显性标记，不能直接计算等位基因频率，只能进行一些假设（如随机交配）后间接计算。出现谱带的个体为显性基因型 AA 或 Aa，带缺失的个体为隐性纯合子 aa，隐性基因频率等于某位点上带缺失频率的平方根，即：

隐形基因频率 $q = \sqrt{\dfrac{n}{N}}$，n 为带缺失的个体数，N 为个体总数。

显性基因频率 $p = 1 - q$。

（2）多态位点的百分比（P）。

$P = \dfrac{n_p}{N} \times 100\%$，$n_p$ 为多态位点数，N 为位点总数。

（3）多态信息含量（PIC）。

$PIC = 1 - \sum p_i^2 - \sum\sum 2p_i p_j$，$p_i$ 和 p_j 分别为某位点上第 i 和 j 个等位基因的频率。

（4）有效等位基因数（N_e）。

$N_e = \dfrac{1}{\sum p_i^2}$，$p_i$ 为某位点上第 i 个等位基因的频率。

（5）香农（Shannon）信息指数（I）。

$I = -\sum p_i \ln p_i$，p_i 为某位点上第 i 个等位基因的频率。

(6) 杂合度（H_e）。

杂合度 $H_e = 1 - \sum p_i^2$，p_i 为某位点上第 i 个等位基因的频率。

种群总杂合度 $H_T = 1 - \sum \bar{p}_i^2$

亚种群内杂合度 $H_s = \dfrac{\sum H_e}{k}$，$K$ 为种群数。

(7) 遗传分化指数（G_{st}）。

$G_{st} = \dfrac{H_T - H_s}{H_T}$，$H_T$ 为种群总杂合度，H_s 为亚种群内杂合度。

(8) 迁移率（N_m）。

$N_m = \dfrac{(\dfrac{1}{F_{st}}) - 1}{4}$，$F_{st}$ 为固定系数。

(9) 遗传相似系数（S）。

$S = \dfrac{\sum p_{ix} p_{iy}}{\sqrt{\sum p_{ix}^2 \sum p_{iy}^2}}$，$p_{ix}$ 和 p_{iy} 分别为第 i 个等位基因在群体 x、y 中的频率。

(10) 遗传距离（D）。

$D = -\ln(S)$，S 为遗传相似系数。

2. 软件的功能特性

在众多软件中，许多软件具有相似的功能特性（图 24.1）。主要有遗传多样性的计算、种群结构分析、遗传平衡分析、遗传距离的计算以及聚类分析等。

表 24.1 常用软件的数据分析功能

Feature	Program					
	TFPGA*	Arlequin**	GDA*	GENPOP**	GeneStrut	POPGENE***
Diversity						
Heterozygosity (observed)	√	√	√		√	√
Expected beterozygosity	√	√	√		√	√
No. alleles/locus		√	√		√	√
Effective no. alleles		√			√	√
Percent polymorphic loci	√	√	√		√	√
Shannon-Weaver						√
Population structure						
F-statistics	√	√	√	√	√	√
G-statistics					√	√
ANOVA		√	√			
Rho-statistics		√		√		
Homogeneity	√			√		√
Migration			√			√
Isolation-by-distance				√		

续表 24.1

Feature	Program					
	TFPGA*	Arlequin**	GDA*	GENPOP**	GeneStrut	POPGENE***
Equilibrium						
Hardy-Weinberg	√	√	√	√	√	√
Two-locus		√	√	√	√	√
Multilocus			√			
U-test				√		
Genetie distance						
Nei's	√	√	√		√	√
Roger's	√				√	
Pairwise F_{st}	√	√	√			
Clustering						
Neighbor-joining			√			
UPGMA	√		√		√	√
Neutrality tests		√				√

* Performs exact tests for significance.
** Program can accommodate a null allele in the data.
*** User can specify an inbreeding coefficient to estimate the frequency of a null allele.

【仪器与设备】

（1）电脑。

（2）相关遗传分析软件。

分子生态学数据分析常常会涉及繁多的数据和复杂的公式运算。幸运的是，迄今已经开发出一些专业的分析软件，使我们能够利用软件直接对分子生态学数据进行处理，很快得出分析结果，避免了中间繁杂的计算过程。

目前已经开发了许多分析软件，下面列出的是常用的一些软件及其下载地址：

1）POPGENE。

http：//www.ualberta.ca/~fyeh/index.htm

2）Arlequin。

http：//lgb.unige.ch/arlequin

3）TFPGA。

http：//bioweb.usu.edu/mpmbio/index.htm

4）GENEPOP。

ftp：//ftp.cefe.cnrs-mop.fr/pub/PC/MSDOS/GENEPOP/Genepop.zip

5）MEGA。

http：/www.megasoftware.net

6）Gendoc。

http：//www.cris.com/~Ketchup/genedoc.shtml

7）RAPDistance。

http：//www.anu.edu.au/BoZo/software/index.html

8）DnaSP。

http：//www.ub.es/dnasp

9）PowerMarker。

http：//www.powermarker.net/

10）PAUP。

http：//paup.csit.fsu.edu/

11）GDA。

http：//lewis.eeb.uconn.edu/lewishome/software.html

12）NTSYSpc。

http：//www.exetersoftware.com/cat/ntsyspc/ntsyspc.html

13）Structure。

http：//pritch.bsd.uchicago.edu/

14）GeneStrut。

http：//wwwvet.murdoch.edu.au/vetschl/imgad/GenStrut.htm

15）CLUSTALW。

http：//www.ebi.ac.uk/clustalw

16）MacClade。

http：//phylogeny.arizona.edu/macclade

17）PHYLIP。

http：//evolution.genetics.washington.edu/phylip.html

18）MALIGN。

http：//research.amnh.org/users/djanies/

【方法与步骤】

（一）软件的使用

软件下载安装完毕后，通常能在软件帮助栏或安装包中找到阐述该软件功能特性和使用的说明文件。通过熟读这些说明文件，就可以掌握软件的使用方法。

（二）简单介绍 POPGENE 软件的操作

1. 软件所识别的输入文件格式

以该软件自带的一个 RAPD 数据文件为例（图 24.1）说明操作过程。输入文件由五个部分组成：第一部分是对数据的说明，第二部分是种群数，第三部分是位点数，第四部分是位点名称，第五部分是各个种群的"0/1"矩阵，每个种群之间用单空列分开。要注意输入文件的格式必须是文本文件（.TXT）。

```
/* Diploid RAPD Data Set */
Number of populations =  8
Number of loci =  28
Locus name :
OPA01-1 OPA01-2 OPA01-3 OPA01-4 OPA01-5
OPA03-1 OPA03-2 OPA03-3 OPA03-4 OPA03-5 OPA03-6
OPA04-1 OPA04-2 OPA04-3 OPA04-4 OPA04-5 OPA04-6 OPA04-7
OPA07-1 OPA07-2 OPA07-3 OPA07-4 OPA07-5 OPA07-6
OPA11-1 OPA11-2 OPA11-3 OPA11-4

name = Slave Lake
fis = -0.238
11101 100100 0011010 001100 0001
11111 100100 0011010 001100 0001
11101 100101 0011010 110110 1011
11101 111000 0011011 110100 0001
11000 100000 0011010 001000 0111
10101 111100 1111010 001000 0011
11101 100110 0001010 001000 0011
11001 100100 0011010 001000 1011
11101 100000 0001010 001000 1011
```

图 24.1　POPGENE 软件中数据文件的组成

2. 载入文件

通过鼠标点击 File > Load Date > Dominant Marker Data。由于我们以该软件自带的一个 RAPD 数据为例，所以选择显性数据（Dominant Marker Data）；若实际应用中，处理的是等位酶或微卫星等得到的共显性数据，则选择 Co-Dominant Marker Data）（图 24.2）。

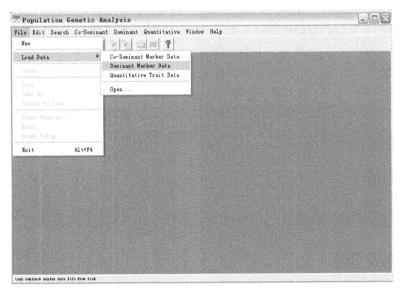

图 24.2　POPGENE 软件载入文件的操作

3. 数据分析

首先鼠标点击 Dominat > Diploid Data（若为单倍体数据则选择 Haploid Data）然后在弹出的对话框中选择要计算的遗传参数，鼠标点击 OK 即可（图 24.3）。

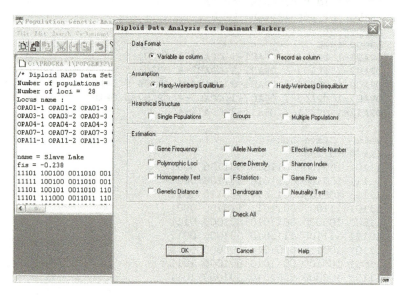

图 24.3　POPGENE 软件的数据分析

【注意事项】

（1）需要针对不同的分子标记及不同的遗传分析来确定合适的分析软件。
（2）显性和共显性标记的计算是不同的，请对比各软件中的不同选项。
（3）不同的软件其数据的输入形式有所不同，使用前请认真阅读说明书。

【作业】

（1）计算用 ISSR 分子标记得到的数据，给出 H_e、H_s 和 G_{st}。
（2）用相似的其他分析软件与 POPGENE 的分析结果进行比较，提出自己的看法。

【思考题】

根据你所学的计算机知识，试为分子生态学实验编一套分析程序。

【参考文献】

[1] Hartl D L, Clark A G. Principles of Population Genetics [M]. 3rd ed.

Sunderland, Massachusetts: Sinauer Associates, Inc., 1997.

[2] Hedrick P W. Genetics of Populations [M]. 2nd ed. Boston: Jones and Bartlett, 2000.

[3] Frankham R, Ballou J D, Briscoe D A. Introduction to Conservation Genetics [M]. Cambridge University Press: Cambridge, 2002.

[4] Hartl D L. A Primer of Population Genetics [M]. 3rd ed. Sunderland, Massachusetts: Sinauer Associates, Inc., 2000.

[5] Conner J K, Hartl D L. A Primer of Ecological Genetics [M]. Sunderland, Massachusetts: Sinauer Associates, Inc., 2004.

[6] Frankham R, Ballou J D, Briscoe D A. A Primer of Conservation Genetics [M]. Cambridge University Press: Cambridge, 2004.

[7] Weir B S. Genetic Data Analysis [M]. Sunderland, Massachusetts: Sinauer Associates, Inc., 1990.

[8] Nei M. Genetic distance between populations [J]. American Naturalist, 1972, 106: 283-392.

[9] Nei M. Estimation of average heterozygosity and genetic distance from a small number of individuals [J]. Genetics, 1978, 89: 583-590.

实验 25　环境微生物样品中总 DNA 的提取

【实验目的】

了解各种 DNA 提取方法的基本原理；掌握一种从环境微生物样品中快速提取总群落基因组 DNA 方法的原理与步骤。

【实验原理】

最近十多年，微生物生态学的快速发展，很大程度上基于核酸的各种分子生物学方法的广泛应用。从复杂环境样品中提取到高质量总 DNA 是研究相关微生物群落的重要前提。基因组 DNA 主要以脱氧核糖核蛋白（DNP）形式存在于微生物的细胞核中，提取时需要通过一定的方法使细胞壁破碎，将 DNP 从细胞中释放出来，然后去除蛋白质、多糖、RNA 以及无机离子等，从而获得较纯的总 DNA。

细菌细胞壁破碎的方法主要有以下三种：①机械法：包括玻璃珠破碎法，超声波处理，研磨法以及冻融法等。②化学试剂法：如用 SDS 处理细胞。③酶解法：加入溶菌酶使细胞壁水解。

【实验材料与试剂】

（1）样品：土壤采自中山大学校园。
（2）试剂：磷酸钠缓冲液（pH 8.0），裂解缓冲液（0.15 M NaCl, 0.1 M Na_2EDTA, pH 8.0），溶菌酶，0.1 M NaCl – 0.5 M Tris-HCl（pH 8.0）– 10% SDS 溶液，液氮，酚:氯仿:异戊醇（25:24:1），氯仿:异戊醇（24:1），异丙醇，70% 乙醇，TE 缓冲液（10 mM Tris-HCl, 1 mM EDTA, pH 8.0），λ-$Hind$ Ⅲ digest DNA Marker，琼脂糖，TAE 缓冲液。

【仪器与设备】

标准台式离心机，水浴锅，电泳槽，凝胶成像系统。

【方法与步骤】

(1) 称取 0.5 g 土壤子样品，加入 1 mL 的 120 mM 磷酸钠缓冲液，充分重悬。
(2) 6 000 g 离心 10 min，去上清。
(3) 重复淋洗步骤 1 次。
(4) 加入 1 mL 的裂解缓冲液并充分重悬。
(5) 加入溶菌酶至终浓度 15 mg/mL。
(6) 37 ℃下温育 2 h，每隔 20 min 混匀 1 次。
(7) 加入 1 mL 的 0.1 M NaCl – 0.5 M Tris-HCl（pH 8.0）– 10% SDS 溶液。
(8) 液氮和 65 ℃水浴反复冻融 3 次，每次 30 s。
(9) 加入等体积的酚:氯仿:异戊醇（25:24:1），充分混匀，6 000 g 离心 10 min 后取上清。
(10) 加入等体积的氯仿:异戊醇（24:1），充分混匀，6 000 g 离心 10 min 后取上清。
(11) 用等体积的异丙醇沉淀 DNA，溶液置于 –20 ℃环境下 1 h 或过夜。
(12) 离心收集 DNA（10 000 g，10 min），沉淀用 1 mL 的 70% 乙醇洗涤 2 次。
(13) 室温下晾干，加入 20 μL TE 缓冲液溶解。
(14) 取 2 μL，用 0.8% 的琼脂糖凝胶电泳检测。

【注意事项】

(1) 酚抽提后离心取上清时，小心不要吸到中间的变性蛋白层。
(2) 乙醇漂洗过程中，注意不要将 DNA 沉淀倒掉。

【作业】

提交 DNA 电泳图并对所提取到的总群落基因组 DNA 进行描述（片断大小，数量和质量等）。

【思考题】

比较几种 DNA 提取方法的原理及优缺点。

【参考文献】

[1] Kowalcuk G A. Molecular Microbial Ecology Manual [M]. London：Kluwer Academic Publishers，2004.
[2] Tsai Y L, Olson B H. Rapid method for direct extraction of DNA from soil and sediments [J]. Appl Environ Microbiol，1991，57：1070 – 1074.

实验 26　环境微生物群落的 T-RFLP 分析

【实验目的】

熟悉末端标记限制性片段长度多态性（terminal restriction fragment length polymorphism，T-RFLP）方法的基本原理并掌握其实验操作步骤。

【实验原理】

微生物是生态系统的重要组成部分，在各种元素的生物地球化学循环中起关键作用。因此，研究微生物群落的结构与动态，借此了解微生物与环境之间的相互作用就显得尤为重要。

长期以来，微生物群落结构的分析方法一直依赖于微生物的富集培养与分离。这种方法不但费时费力，而且常常导致很大的误差。近年来，随着各种分子微生物生态方法的迅速发展，从分子水平对微生物群落结构进行研究已经成为可能。PCR 与 RFLP 技术的建立和 DNA 测序技术的不断完善以及这些方法的融合，发展了一种全新、快速、有效的微生物群落结构分析方法，即 T-RFLP 技术。与传统方法相比，建立在 PCR 基础上的 T-RFLP 技术具有无可比拟的优越性，由于它不需要分离培养微生物，因而避免了培养方法所带来的误差。此外，与其他调查微生物群落结构的分子生物学方法相比，T-RFLP 技术也有自己独特的优势，它比 SSCP 和 DGGE 具有更高的灵敏度，比构建 16S rRNA 基因克隆文库和 RFLP 分析更简单快捷。

T-RFLP 技术以分子系统学原理为基础，在 DNA 水平上通过对特定核酸片段长度多态性的测定来分析比较微生物群落结构。以总群落基因组 DNA 为模板，利用类群特异性引物（其中一个或两个引物的 5′端用荧光染料标记）进行 PCR 扩增，所得 PCR 产物（带有荧光标记）用限制性内切酶消化，由于不同细菌的扩增片段存在核苷酸序列的差异，导致酶切位点发生变化，从而生成不同长度的限制性片段。消化产物用自动测序仪进行检测，只有末端带荧光标记的片段能被检测到，而其他没有带荧光标记的片段则检测不到。通过对这些荧光信号以及由此生成的 T-RFLP 图谱进行分析，即可解析微生物群落的结构及多样性。

【实验材料与试剂】

实验 25 提取的总 DNA 样品，PCR 试剂盒，灭菌蒸馏水，DL2000 DNA Marker，琼脂糖，TAE 缓冲液，限制性内切酶（*Msp* I），胶回收试剂盒。

【仪器与设备】

PCR 仪，电泳槽，水浴锅，紫外分光光度计，凝胶成像系统，灭菌锅。

【方法与步骤】

（1）引物序列为：
27F：5′- AGA GTT TGA TCC TGG CTC AG -3′，其 5′端用荧光染料 FAM 标记；
1492R：5′- GGT TAC CTT GTT ACG ACT T -3′。
（2）准备 PCR 反应体系（50 μL）需要的 MIX，按表 26.1 操作。

表 26.1 T-RFLP 的 PCR 反应体系

反 应 物	反 应 量
灭菌蒸馏水	31 μL
10×PCR Buffer	5 μL
dNTP（2.5 mM）	5 μL
$MgCl_2$（50 mM）	1.5 μL
primer 27F（10 uM）	1 μL
primer 1492R（10 uM）	1 μL
Taq DNA 聚合酶（10 U/μL）	0.5 μL
模板 DNA	5 μL

（3）PCR 反应条件为：94 ℃预变性 5 min；94 ℃变性 40 s，55 ℃退火 40 s，72 ℃延伸 2 min，30 个循环；72 ℃延伸 10 min；PCR 产物 4 ℃保存。
（4）用 1% 的琼脂糖凝胶电泳检测 PCR 产物，片断长度约为 1 500 bp。
（5）产物纯化：将所有 PCR 产物用胶回收试剂盒纯化，然后用 1% 琼脂糖凝胶电泳和紫外分光光度计检测纯化 DNA 的浓度和纯度（A260/A280 应为 1.7～1.9，浓度最好大于 30 ng/μL）。
（6）限制性内切酶消化（*Msp* I，15 μL 体系，37 ℃水浴 3 h），体系如表 26.2。

表 26.2　*Msp* Ⅰ 限制性内切酶反应体系

反　应　物	反　应　量
PCR 纯化产物	10 μL
灭菌蒸馏水	1.25 μL
Msp Ⅰ（10 u/μL）	0.75 μL
0.1% BSA	1.5 μL
10 × Buffer	1.5 μL

（7）酶切产物置于 75 ℃（酶）失活 20 min，经 2% 琼脂糖凝胶电泳检测后低温（-20 ℃）避光保存。

（8）取 10 μL 酶切产物电泳分析。

【注意事项】

（1）PCR 反应有必要做浓度梯度试验。

（2）荧光染料（引物及 PCR 扩增产物）应避免强光直射和反复冻融。

（3）酶切反应严格按照生产商推荐的条件进行，以确保反应完全。

【作业】

根据 T-RFLP 图谱，分析环境土壤样品中微生物群落的结构与多样性。

【思考题】

比较几组同学所获得的群落指纹图谱的一致性，分析导致这些误差的可能原因。

【参考文献】

［1］Kowalcuk G A. Molecular Microbial Ecology Manual［M］. London：Kluwer Academic Publishers，2004.

［2］Liu W T, Marsh T L, Cheng H, et al. Characterization of microbial diversity by determining terminal restriction fragment length polymorphisms of genes［J］. Applied and Environmental Microbiology，1997，57：1070-1074.

实验 27　土壤呼吸强度的测定

【实验目的】

了解土壤呼吸作用，以及土壤呼吸速率与土壤温度、水分等土壤因子的相关性；熟悉 SRS – 1000 便携式土壤呼吸测量系统的使用，掌握土壤呼吸速率的测定方法。

【实验原理】

全球变暖是人类目前面临的主要环境问题。大气中温室气体浓度的上升是气候变暖的主要原因，二氧化碳（CO_2）是最重要的温室气体。碳以 CO_2 的形式从土壤向大气圈的流动是土壤呼吸作用的结果。土壤呼吸（soil respiration）是指未扰动的土壤产生并向大气释放 CO_2 的过程，它包括土壤微生物呼吸、植物根系呼吸、土壤动物呼吸和含碳物质的化学氧化作用等几个生物学和非生物学部分。

森林土壤和植被储存着全球陆地生态系统大约 46% 的碳，在全球碳平衡（carbon-neutral）中起着非常重要的作用。森林土壤呼吸是陆地生态系统土壤呼吸的重要部分，是全球碳循环中一个主要的流通途径，其动态变化将对全球碳平衡产生深远的影响。全球森林过度采伐和其他土地利用的变化导致土壤 CO_2 释放增加，占过去 2 个世纪以来人类活动释放的 CO_2 总量的一半，是除石油燃烧释放 CO_2 导致大气中 CO_2 浓度升高的另一重要因素。研究森林土壤呼吸是世界碳循环研究的重要课题，对生态学、环境科学及地球表层系统科学具有重要意义。

本实验采用 SRS – 1000 便携式土壤呼吸测量系统测量土壤呼吸强度。测量系统包括一个控制台，一个 1 L 的土壤呼吸室和一个高精度微型 CO_2 红外气体分析仪（直接安装在土壤呼吸室内）。这样就使 CO_2 从土壤中产生，到分析仪测量到 CO_2 发生变化的时间大大减少。

操作是在开放系统状态下进行的，周围的空气与系统不停地循环，以保证作为样品的土壤保持正常条件。上面安装了一个压力释放阀，以免使呼吸室内气压逐步升高，也能避免产生的 CO_2 分散到土壤中。土壤呼吸室本身由一个上面的呼吸室和一个金属圈构成。这个圈插入土壤，不管土壤条件如何，保证上面的呼吸室处于最佳位置，并能够保证对土壤的最小扰动。在较大的野外区域取样时，可以利用多余的金属圈先放置在土壤中，然后进行相对的测量。这个系统也可以测量温度。

为了得到土壤日常呼吸方式，一些野外试验要利用多个野外呼吸室，可以在几天的周期内进行连续测量。利用便携式气体多路器能够接收到样品反馈回来的 CO_2 分析信号。为了保持呼吸室的内部条件,当不用取样时,可以打开或者关闭呼吸室上的通风盖子。

【实验材料】

几种不同类型森林土壤。

【仪器与设备】

SRS-1000 便携式土壤呼吸测量系统,Hydra 土壤水分/盐分/温度测量仪。

【方法与步骤】

1. 仪器安装

SRS-1000 便携式土壤测量系统的各接口如图 27.1。

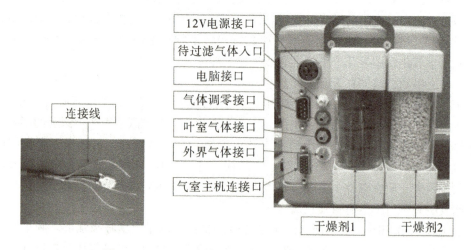

图 27.1　SRS-1000 便携式土壤呼吸测量系统的主机

2. 操作过程

(1) 按确定键开机,仪器预热,气体平衡(图 27.2-a)。此时 cref(外界 CO_2)为 384 μmol/mol,c'an(气室 CO_2)为 379 μmol/mol。

(2) 预热完成,气体平衡(图 27.2-b)。此时 cref(外界 CO_2)为 390 μmol/mol,c'an(气室 CO_2)为 390 μmol/mol。

仪器发出"嘀"一声时,表示已完成预热和气体平衡过程,此时外界 CO_2 和气室 CO_2 值相等。在室内测定时因 CO_2 浓度不稳定,加上呼吸室是开放性的,此时外界 CO_2

和气室 CO_2 值不一定相等，但不影响测定结果。连续测定时不需重复进行仪器预热和气体平衡。

（3）按两次确定键，选择到如图 27.2 - c 界面，然后按 config 键，选择气室类型。

（4）用 + 和 - 键选择适合的气室类型（cfg）（图 27.2 - d）。

（5）用 + 和 - 键可循环选择下列气室类型（图 27.2 - e）。

（6）选定宽叶类型的叶室（broad）（图 27.2 - f），完成仪器校准步骤后，将叶室夹住供测叶片，然后按确定键，进行叶片光合效率测定。

（7）选定 soil pot（土壤呼吸室）（图 27.2 - g）。

（8）按 select（选择）键和 do caljian，分别对 CO_2 的 zero（零点）和 CO_2 的 span（幅度）进行校对，校对完毕后即可测定土壤呼吸作用（图 27.2 - h）。

（9）按确定键，显示如图 27.2 - i 的界面时开始测定土壤呼吸作用

（10）测定呼吸作用时，呼吸室的连接如图 27.2 - j 所示。

（11）按确定键，出现如图 27.2 - k 的界面，外界 CO_2（407）与气室内 CO_2（535），两者相差 128。按确定键，显示净呼吸速率 NCER。

（12）净呼吸速率 NCER 为 2.71 $\mu mol/(m^2 \cdot s)$（图 27.2 - l）。

（13）净呼吸速率计算：NCER = 2.71 $\mu mol/(m^2 \cdot s)$，NCER 是指 Net CO_2 Exchange Rate。

$$NCER = \frac{|\Delta C| \times U \div 10^6}{97.5 \times 10^{-4}}$$

$$NCER = \frac{128 \times 205.4 \div 10^6}{97.5 \times 10^{-4}}$$
$$= 2.71 \ \mu mol/(m^2 \cdot s)$$

（14）测量结束后按确定键，显示如图 27.2 - m 的界面，长按 power off 键即可关机。

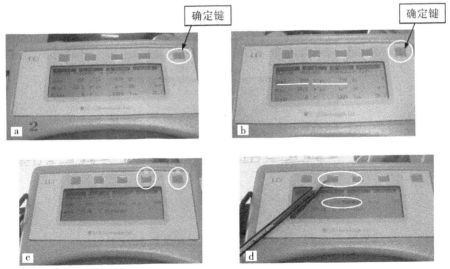

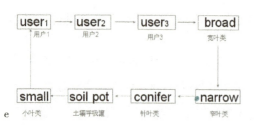

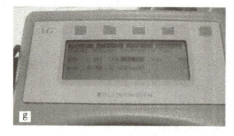

●将不锈钢底座插入待测土壤中
●将有机玻璃呼吸罩套住底座
●按确定键,开始测定土壤呼吸效率

图 27.2　SRS-1000 便携式土壤呼吸测量系统的操作过程

3. 其他土壤因子的测量

测定土壤呼吸后，用 Hydra 土壤水分/盐分/温度速测仪测量土壤温度、水分，并做好记录。

【作业】

测定几种不同类型土壤的呼吸速率（NCER），比较并分析其呼吸强度的变化。

【思考题】

土壤呼吸与土壤温度、水分有哪些相关性？

附录

附录 27.1　土壤呼吸室介绍

1. 概述

土壤呼吸室带有一个可测量由土壤生物呼吸形成的气体交换的封闭箱体。这是专为 LCPro+ 设计的。

土壤呼吸室由一个带有空气搅拌风扇的 PVC 罐和压力补偿口组成。所提供的独立的温度探头可插入所测量处邻近的土壤中。另外还有一个支撑土壤呼吸室的不锈钢"圈"和支撑手柄的"地钉"。钢圈带一对凸缘用于固定在地面或分担重量使钢圈能够被固定好。"钢圈插入垫"适用于将钢圈插入到紧实的土壤中。

将"地钉"安装到手柄的三脚架的螺栓上，除支撑手柄同时可为手柄上的 PAR 传感器提供安装地方。使用螺纹将旋钮装在长钉上。旋钮可不扭紧并可根据所测试土壤类型的不同重新插入地钉三个位置中的一个。

2. 操作

使用土壤呼吸室时，需要在配置菜单中象选择叶室类型一样选择土壤呼吸室（图 27.2 - e、f、g）。由于土壤呼吸室与叶室所分析的气流有很大区别，因此在土壤呼吸室和叶室之间更换时一定要检查气流。在更换时，软件会提醒用户并询问用户是否需要检查气流。

注意：在检查气流时，一定要安装好相应的样品室。

土壤呼吸室吸收"参比"空气，使"分析"空气进入分析仪，与常规样品室方式相同。进入土壤呼吸室的空气流是由 LCpro+ 配置菜单中"Uset"功能控制的。除用于测量萃取的空气，还有过量的空气进入呼吸室中，压力通风口可以确保呼吸室压力不会过大而干扰土/气界面的气体交换。

正如叶室中一样，土壤呼吸室中的温度和湿度都是由内部传感器监控。

土壤温度是由所提供的特殊的土壤温度探头测量的，将探头插入杆的插口中替代叶片电热调节器。此探头使用的是与叶片温度探头同型号的电热调节器，并会有较小的非线性特性，不过此项已由分析仪软件补偿。两个传感器的温度范围均为 $-5\ ℃\sim50\ ℃$。

若土壤呼吸室未正确安装，则会出现"Leaf Chamber Jaws OPEN"信息。若所提供的探头或标准叶片电热调节器探头（ADC Part No. M. PLC – 011）未连接，则在仪器的状态行会出现"T_{leaf} probe error"信息。

3. 土壤呼吸室使用前准备

（1）移除已安装的叶室。

从当前叶室的上部钳口将屏蔽层移除，拔除 PAR 传感器，接着将上部钳口从杆上拉开。使用适合的硬币（若需要），扭开杆上的三个外加螺丝（附图27.1.1），并将下部钳口从杆上分离。小心存放上部和下部钳口，屏蔽层和弹簧。

固定螺丝

附图27.1.1 连接杆

注意：在叶室和土壤呼吸室间更换时，小心不要将"O"形环丢失，尤其是两个小的。如果两个小的仍在叶室口中，将其拉出，在安装土壤呼吸室前将它们安装在管道的末端。

（2）安装土壤呼吸室到杆上。

使用三个外加螺丝将土壤呼吸室与叶室相同的方式安装到 LCpro + 的手柄上。

（3）安装"地钉"和 PAR 传感器（附图27.1.2）。

使用外加螺丝将地钉安装到手柄的三脚架轴上，接着将 PAR 传感器稳固安装在装配位置上。（这只是为了防止将探头留在实验点时损坏。）

注意：地钉上有三个位置用来安装外加螺丝。

位置的选择取决于"钢圈"插入土壤的深度。

（4）插入"钢圈"。

"钢圈"应尽量插入土壤中以消除土壤中的扩散。如果土壤较松散，应将钢圈深深地插入土壤。这是为了减小气体在土壤中的移动，同时为土壤呼吸室提供较多的支撑。对于较紧实的土壤插入可能较难，此时可以使用"钢圈插入垫"（附图27.1.3）。

附图27.1.2 安装 PAR 探头和地钉

使用插入垫可减小钢圈损坏。可使用 weights 或帐篷桩将钢圈适当固定（如有需要）（附图27.1.4）。

注意：根据不同土壤类型，用户可能会觉得不需要钢圈而直接将土壤呼吸室插入土壤。这会轻微破坏土壤，请尽快测量。

（5）将土壤呼吸室安装在钢圈上。

将土壤钢圈插入后，即可安装土壤呼吸室（连接

附图27.1.3 钢圈插入垫

到杆)。土壤呼吸室应安装在钢圈上方,将地钉插入土壤中直到呼吸室和钢圈密封好。"地钉"上的小块的位置可以选择以保证地钉深度足够支撑手柄,从而使呼吸室与"钢圈"上部密封好为准。

(6) 气流检查校正。

现在需要进行气流检查校正。与叶室相比土壤呼吸室较大的体积会影响分析气体的沉淀时间,尤其是较低流速时,因此此项是很重要的。如果沉淀时间过短,则获取的数据会不精确。实验已经证明流速为 100 μmol/s 时进行校正最好,流速超过 100 μmol/s 时,

附图 27.1.4　安装钢圈

需要足够的气体沉淀时间。校正只有在流速低于或者超过 100 μmol/s 时才需要重新进行。较低流速时的校正可用于较高流速,但可能不是最理想的。

(7) 其他事项。

在测量前不可将"钢圈插入垫"留在钢圈顶部,需要让土壤自然"呼吸"。

在结果记录前,建议将钢圈插入至少几小时,以减小对土壤的干扰,对于扰动较大的至少固定 1 d。

用户可另外购买钢圈以同时测量几个实验点并可将钢圈留在实验点。将钢圈一次性的插入土壤中是有优点的,可以避免对土壤更多的干扰,即对土壤呼吸作用的干扰。

进行气流检查校正,允许分析仪在参比和分析过程中有足够长的时间使气体读数恒定。以上建议适用于大多数应用中,但若用户希望尽量缩短整个测量过程,则可在较高气体流速时进行校正,如 250 ~ 300 μmol/s。

4. 土壤呼吸室常数

唯一与土壤呼吸作用计算相关的土壤呼吸室常数就是面积,所以选择了土壤呼吸室后,其他叶室相关常数就不会显示。若使用钢圈则面积设置为 97.5 cm^2。可使用"configure → set up → select"更改,屏幕显示如附图 27.1.5。

附图 27.1.5　面积常数的修改

5. 土壤呼吸室尺寸

(1) 不带钢圈使用土壤呼吸室。

理论上土壤密闭处表面积为 111 cm^2,土壤呼吸室体积(无土壤)为 995 cm^3 (995 mL)。若将土壤呼吸室插入土壤中,其有效体积会减小。可通过在总体积中减去插入土壤深度与土壤面积的乘积来计算。

如:土壤呼吸室插入土壤中 2 cm;那么减小体积 = 2 cm × 111 cm^2 = 222 cm^3,有效

体积 = 995 cm³ − 222 cm³ = 773 cm³

(2) 带钢圈使用土壤呼吸室。

土壤密闭处表面积为 97.5 cm²。土壤呼吸室体积（将钢圈算在内）为 968 cm³ (968 mL)。钢圈密闭体积等于土壤面积（97.5 cm²）乘以土壤和钢圈边缘间的距离。

因此，最大体积 = 7.0 cm × 97.5 cm² = 682.5 cm³（约等于 682 cm³），即为将钢圈安装在表面使最小有效体积为 0，就要将钢圈完全插入土壤。

总体积就是土壤呼吸室加上所计算的钢圈体积。

最大总体积 = 968 cm³ + 682 cm³ = 1 650 cm³ (1 650 mL)。如：有效钢圈体积为 2.0 cm × 97.5 cm² = 195 cm³，总体积 = 968 cm³ + 195 cm³ = 1 163 cm³。

【参考文献】

[1] 孙园园，李首成，周春军，等. 土壤呼吸强度的影响因素及其研究进展 [J]. 安徽农业科学，2007，35 (6)：1738 − 1739，1757.

[2] 李玉宁，王关玉，李伟. 土壤呼吸作用和全球碳循环 [J]. 地学前缘，2002，9 (2)：351 − 355.

实验 28　植物光合作用速率的测定

实验 28.1　植物叶片净光合速率的测定

【实验目的】

熟悉便携式光合作用测定系统的使用；掌握植物个体叶片净光合速率、蒸腾速率测定的基本方法；了解植物个体净光合速率的日变化规律，以及与环境因子的相关性。

【实验原理】

光合作用是指绿色植物利用太阳能将二氧化碳（CO_2）和水转化为碳水化合物并放出氧气的过程，它是太阳能被植物吸收利用的唯一途径。植物光合作用速率的变化与植物内部生理状况以及外界环境因子密切相关，一直是植物生态学研究的重点。

植物光合作用速率的测定可分为单个叶绿体、叶片、植物个体和植物群落等不同水平，本实验主要从叶片水平来了解植物净光合速率的日变化规律。

本实验选用的仪器为英国生产的 LCi 便携式光合仪，仪器应用红外气体分析（IRGA）原理，精密测量叶片表面 CO_2 浓度及水分的变化情况来考察叶片与植物光合作用相关的参数。

【实验材料】

草本或灌木植物叶片（非离体）。

【仪器与设备】

LCi 便携式光合仪（图 28.1）是世界上最小巧、轻便的便携式光合作用测定仪，用以测量植物叶片的光合速率、蒸腾速率、气孔导度等与植物光合作用相关的参数。既可在研究中使用，又是很好的教学仪器。特殊的设计可在高湿度、高尘埃环境中使用。

LCi 便携式光合仪特点：

（1）便携式设计，体积轻小，仅重 2 kg。
（2）微型 IRGA 置于叶室中，反应迅速。
（3）可在恶劣环境下使用，野外工作时间长。
（4）可方便互换不同种类的叶室叶夹。
（5）叶室材料经精心选择，以确保 CO_2 及水分的测量精度。
（6）数据存储量大，可使用 1 M 字节的 PCMIA 卡。
（7）操作简单，维护方便，叶室所有区域都很容易清洁。
（8）采用低能耗技术，野外单电池持续工作时间长，可达 10 h。

图 28.1　LCi 便携式光合仪

【方法与步骤】

（一）实验安排

本实验的内容是测量植物叶片净光合速率的日变化，具体安排如下：

（1）从早上 8 点开始至下午 6 点，每隔 2 h 测定供试植物叶片的光合速率。测量时随机选择植物不同位置和成熟程度的叶片，一共 3～5 片，最后将所测量的叶片的各测量指标取平均值，作为该时段植物叶片的光合作用各指标的值。

（2）将学生分成 6 个小组，每组负责完成一个时间段的测量工作，对应的测量时间依次为 8:00、10:00、12:00、14:00、16:00 和 18:00。测量结束后，将测量数据传输到电脑并保存在电脑硬盘中。

（二）数据分析

将测量数据传输到计算机后，对数据进行初步整理与统计分析，包括计算各指标的平均值，进行相关分析等。

（三）LCi 便携式光合仪操作

1. 仪器安装

LCi 便携式光合仪的各接口如图 28.2。

2. 过程操作

该仪器的热机和气体平衡等 5 个步骤与 SRS - 1000 便携式土壤呼吸测量系统操作过程的（1）～（5）步骤相同，其他步骤如下：

（1）选定宽叶类型的叶室（broad），完成仪器校准步骤后，将叶室夹住供测叶片，然后按确定键，进行叶片光合效率测定（图 28.3 - a）。

（2）选择合适的叶室，然后把叶室夹在供测叶片上（图 28.3 - b）。

注意：当叶片被放置在叶室中时，需要约 2 min 时间调整叶室内的小气候环境。此时，CO_2 和 H_2O 数值将会逐渐稳定，当数值达到稳定时，开始记录光合速率。

(3) 读数稳定后（需 3~5 min），按确定键（图 28.3 - c）。

(4) 测得：光合速率 $A = 1.12\ \mu\mathrm{mol}\ (CO_2)/(m^2 \cdot s)$；

蒸腾速率 $E = 0.06\ \mu\mathrm{mol}\ (H_2O)/(m^2 \cdot s)$（图 28.3 - d）。

(5) 记录键的使用：按一下记录键存储一个数据（图 28.3 - e）。

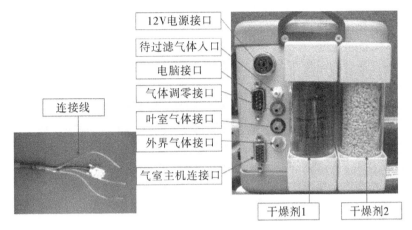

图 28.2　LCi 便携式光合仪主机

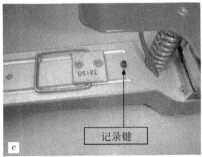

图 28.3　LCi 便携式光合仪操作步骤

【注意事项】

（1）尽量选择在典型天气（如晴天、晴到多云或阴天）进行测量。测量过程中如遇下雨应该马上停止，之后选择适宜的天气重做。

（2）尽量避免让水或者过多的湿气进入仪器内，同时要避免灰尘多的环境，不要打开或者破坏仪器的密封。

（3）最好在适宜的温度下使用，极端温度（低于5 ℃或高于45 ℃）将影响仪器性能。

（4）测量时要避免对仪器的任何不必要的振荡或撞击。

（5）连接叶室时，要使叶室上的螺丝孔正好对准仪器上的螺栓，固定叶室的时候不要拧得太紧。

（6）测量状态时要检查红外测温探头是否安全地塞紧。

【作业】

根据实验结果，分析叶片光合速率与叶绿素含量、叶面积、气孔导度、蒸腾作用以及环境因子的相关性，并探讨植物叶片净光合速率的日变化特点。

【参考文献】

［1］娄安如，牛翠娟. 基础生态学实验指导［M］. 北京：高等教育出版社，2005：95 - 103.

［2］黄彬香，施生锦，张理. 便携式光合作用测定系统仪器误差探析［J］. 中国生态农业学报，2003，11（4）：7 - 9.

实验28.2　植物群落冠层光合速率的测定

【实验目的】

掌握叶面积指数（LAI）的概念，以及在植物群落冠层的光合作用研究中的生态学意义；通过从叶片光合速率到冠层光合速率的转换，掌握基本的实验取样技术，并加深对生态学研究中尺度效应的理解。

实验 28　植物光合作用速率的测定

【实验原理】

光合作用是指绿色植物利用太阳能将二氧化碳和水转化为碳水化合物并放出氧气的过程。植物光合作用速率的变化与植物内部生理状况以及外界环境因子密切相关，其测定可分为单个叶绿体、叶片、植物个体和植物群落冠层等不同水平。其中植物群落冠层光合作用在森林生态系统产量形成的生理生态学模拟研究、碳平衡及全球气候变化的影响研究中都是十分重要的。植物群落冠层水平的光合作用可以通过微气象学方法（梯度方法和涡流相关法等）测量冠层与大气之间的 CO_2 交换进而求得，也可以通过一定条件下由单叶片的净光合作用积分求和而得。本实验采用由叶片上推至冠层的一种最简单的近似方法进行测算。

从单叶片到群落冠层水平，光合速率受环境因子、光合面积等多种因素影响，本实验仅考虑光合面积变化产生的影响。对于植物群体而言，叶面积通常用叶面积指数（leaf area index，LAI）来衡量。

【实验材料】

人为干扰较小的草丛或灌木丛。

【仪器与设备】

LCi 便携式光合测定系统（光合作用速率测定仪器），LAI-2000 植物冠层分析仪（群落冠层叶面积指数测定仪器）和 LI-3000 叶面积仪。

【方法与步骤】

1. 叶片净光合速率的测定

在植物群落内分不同高度随机取样，并兼顾不同叶片类型，一共测量 8～10 个叶片，采用 LCi 便携式光合测定仪测定其净光合速率。

2. 群落冠层叶面积指数的测定

采用 LAI-2000 植物冠层分析仪和 LI-3000 叶面积仪，在植物群落内随机选择 8～10 个点进行测量，计算并得到群落冠层叶面积指数。

3. 数据处理

根据以上测量结果，分别计算该群落叶片的净光合速率和群落冠层叶面积指数的平均值，代入公式②即可计算出该群落冠层的净光合速率。

群落冠层的叶面积指数（LAI）计算公式为：

$$LAI = \frac{该土地面积上叶片总面积（m^2）}{土地面积（m^2）} \qquad ①$$

据此定义式，在只考虑光合面积变化的情况下，可推出光合速率由单叶片水平扩展到群落冠层水平的计算公式：

$$\text{Photo}_{canopy} = \text{Photo}_{leaf} \times \text{LAI} \qquad ②$$

式中：

Photo_{canopy}——冠层净光合速率，$\mu mol(CO_2)/(m^2 \cdot s)$；

Photo_{leaf}——叶片平均净光合速率，$\mu mol(CO_2)/(m^2 \cdot s)$；

LAI——群落冠层叶面积指数。

【注意事项】

（1）测量前要设计科学合理的取样方法，尽量避免不合理取样带来的错误。

（2）叶片光合速率和群落冠层叶面积指数的测定尽量同步进行。

【作业】

完成实验报告，要求对实验结果加以分析和讨论，并探讨植物群落冠层光合作用研究的生态学意义。

附录

附录 28.1　LCi 便携式光合仪操作使用规程补充说明

LCi 便携式光合仪用于测量植物叶片的光合速率、蒸腾速率、气孔导度等与植物光合作用相关的参数，添加专用配件即可兼测定土壤的呼吸作用效率，并且数据存储量大，能耗低，单电池持续工作达 10 h，可在高湿度、高尘埃环境中使用，适合野外作业。

使用 LCi 便携式光合仪时，要注意以下几点：

（1）如果叶室的封闭口要关闭几个小时或更多时间，那么垫圈将需要重新设置。在使用前至少半小时将口打开（比较久会令垫圈严重变形）。

（2）叶室用一个 15 个针的插头和 3 个管子（每个管子配有 3 个彩色的套）连接到分析器。

（3）LCi 系统需要新鲜空气补给。空气补给应该在 CO_2 含量相当稳定的地方进行，更适宜的应该在地面以上 3～4 m 的地方。

1. 初始准备

LCi 前部的开关键，把开关打到"ON"的位置。打开开关后，屏幕将显示 1 组参数和数值。栏目键将在主要的 3 个记录中循环。"power off"键是关电源的唯一的方法（除非断开电源）。

关闭叶室头,检查叶室扇子是否旋转(通常它能够听到)并检查叶室垫圈是否密闭(在松类叶室的情况下确保夹子夹紧)。记录打开之后,用LCi光合仪测量CO_2前需要稳定大约5分钟。这时会显示"仪器正在预热",当出现"哔哔"声时,说明仪器已准备完成。

2. 电源的线路

(1) 电源插座。提供了外部的12 V电源或电池充电器线路,限制电流。电源插孔和标准5针240 DIN音频连接器相匹配。提供一些备用工具,在线的前面黑色的接头为地线(负极),白色接头为类似信号线(正极),还有红色(+)和黑色(-)的电源线接头。

(2) RS232C连接器。RS232C连接器配备标准9针"D"类连接电缆插槽(母槽)。在备用工具中包括适当的电缆,它提供RS232C信号和手持线以适应标准打印机。插槽的连通性符合PC机标准。

3. 操作

关闭叶室,几秒之后在LCi仪器上显示外界的CO_2值(C_{ref})和气室内的CO_2值(C'_{an})一致时,可以开始进行叶片测量。

当叶片被放置在叶室中时,约需要2 min来调整它新的小气候环境。在这一段时间内,CO_2和H_2O数值将会逐渐地稳定。通常在仪器显示器上的C_i(气孔CO_2)数值达到稳定时,表示仪器已调整到可用的测定状态。在读数稳定后,开始记录A(光合速率)和E(蒸腾速率)。

4. 参数意义

LCi便携式光合仪的参数很多,附表28.1.1对这些参数做了简单的说明。

附表28.1.1 LCi便携式光合仪的输出参数

参 数	说 明	参 数	说 明
uset	设置ASU流速	us	单位叶面积的流速
p	大气压	log	下载文件名称
power	显示电池状态条	rb	水汽边界扩散阻力
rb set	满流速下的扩散阻力	C'_{an}	气室内CO_2
C_{ref}	外界CO_2	C_i	气孔CO_2
dt	日期	Hfac	H因素-能量转换因素
e'ad	水汽压水分分析	w'ad	相对量水分分析
^e	水分差	^w	相对含水量水分差
eref	水分参考值,水汽压	wref	相对含水量参考值
area	叶片表面积	tch	叶室温度
u	ASU流速	V	ASU体积流速
Trw	叶室窗口传送因素	T_{leaf}	叶面温度
Q	窗口PAR	Q_{leaf}	叶片表面的PAR

续附表 28.1.1

参　数	说　明	参　数	说　明
A	光合速率	Cfg	叶室类型
Mem	内存卡上的剩余内存	Record	当前记录号
gs	CO_2 气孔导度	rs	CO_2 气孔阻力
Tlmtd	叶片温度测量方法	E	蒸腾速率
tm	时间	Vaux	Aux 输入
[cab] a	CO_2 的红外吸收	[w] a	最初水分值
Vbatt	电池伏数	Va (±20%)	标准分析流速
phase	相位转换	[cab] r	参考 CO_2 红外吸收
[w] r	最初水分参考读数		
NCER	土壤净呼吸速率		

【参考文献】

[1] 娄安如, 牛翠娟. 基础生态学实验指导 [M]. 北京: 高等教育出版社, 2005, 95-103.

[2] 肖文发. 杉木人工林单叶至冠层光合作用的扩展与模拟研究 [J]. 生态学报, 1998, 18 (6): 621-628.

实验 29　不同群落中的植物效能测定

【实验目的】

了解植物效能的意义；熟悉植物效能仪，气孔计等仪器的使用。

【实验原理】

植物效能仪（plant efficiency analyzer，PEA）是测定植物对光线利用效率的仪器。植物所吸收的光能并不能被植物光合作用完全利用，其中一部分能量以荧光的形式释放到环境中去，这就是叶绿素荧光。当一个健康的叶子处在黑暗中一段时间又突然受到光线照射时，就可用 PEA 观察到随时间变化的荧光感应（kautsky 效应），其幅度与入射光强成正比。

照光后，荧光迅速上升到 F_o（或 O），紧接着达到峰值 F_m（P 或 F_p），然后慢慢下降到最终的稳态 F_s（或 T）。如果光照足够强，F_o 要经过一个中间过程才能达到 F_m，并且在到达 F_m 之前有一个小的回落（D）。F_o 与 F_m 之间的差被称为 F_v。F_v/F_m 正比于光化学反应的产量，并且与净光合作用的产量也密切相关，因而 F_v/F_m 能反映出植物对光线利用的效率。

植物效能分析仪（PEA）是一种野外手持式持续激发型的叶绿素荧光分析仪。它提供了标准水平的激发能量和光速探测系统来精确测定 Kautsky 效应，并自动计算出关键的荧光参数 F_o、F_m、F_v、F_v/F_m、T_{MAX} 以及在 F_o 到 F_m 间荧光曲线的面积，是研究植物光合作用中光化学过程的重要工具。

植物通过它们的气孔蒸发水分，是一种重要的生理指标，能反映出它们对环境因素、污染及其他压力的反应。气孔对光、相对湿度（RH）、二氧化碳（CO_2）、水压和细菌很敏感。使用循环扩散原理，AP4 型气孔计可方便、重复、准确地计算出气孔阻力。结合叶面积测量，AP4 型气孔计可估算出整株植物或作物冠层的水分蒸发量。

【实验材料】

几种不同群落中的植物叶片。

【仪器与设备】

Hany PEA 植物效能仪，AP4 气孔计。

【方法与步骤】

（一）植物效能仪测定叶绿素的荧光效应

1. 仪器特点

Handy PEA 植物效能仪是一种便携式叶绿素荧光精密分析仪，具有很高的分辨率，每秒钟能够测定 10 万次荧光变化，是研究光合作用过程中电子传递瞬间变化的有力工具。它能提供标准水平的激发能量和光速探测系统来精确测定荧光感应并自动计算出荧光感应的各种有价值的参数，是研究植物光合作用中光化学过程的重要工具。

2. 植物效能仪的主机和配件（图 29.1）

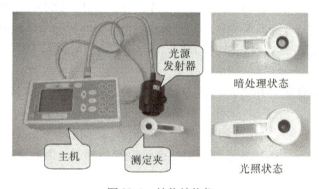

图 29.1　植物效能仪

3. 植物效能仪的操作

选定待测的叶片，将测定夹拨到暗处理状态，经 20 min 的暗处理后开始测定，每按一次光源发射器（即曝光一次）测定一个数据，实例见图 29.2。

宽叶植物

针叶植物

图 29.2　植物效能仪的使用

4. 主要技术参数及其意义

F_o——初始荧光产量（original fluorescence yield）也称基础荧光，是PSⅡ反应中心（经过充分暗适应以后）处于完全开放状态时的初始荧光产量。

F_m——最大荧光产量（maximal fluorescence yield），是PSⅡ反应中心完全关闭时的荧光产量。通常叶片经暗适应20 min后测得。

$F_v = F_m - F_o$——可变荧光，反映PSⅡ的电子传递最大潜力。经暗适应后测得。

F_v/F_m——PSⅡ量子产量，代表暗适应下PSⅡ反应中心完全开放时的最大光化学效率，反映PSⅡ反应中心最大光能转换效率。

F_v/F_o——光化学活性，代表PSⅡ潜在光化学活性，与有活性的反应中心的数量成正比关系。

F_t——稳态荧光产量（或F_s）。

φPSⅡ——PSⅡ量子效率，它反映在光照下PSⅡ反应中心部分关闭的情况下的实际光化学效率（φPSⅡ = $(F_m - F_s)/F_m$）。

qP——光化学猝灭系数，它反映了PSⅡ反应中心的开放程度[$qP = (F_m - F_s)/(F_m - F_o)$]。

5. 测定叶绿素荧光诱导动力学曲线的意义

植物效能仪能快速测定从O点到P点的荧光变化过程，这种荧光变化的曲线称为叶绿素荧光诱导动力学曲线，对研究光合作用具有重要意义。

在植物生理生态学研究中，测定不同生态环境条件下的叶绿素荧光变化，了解逆境（如干旱、低温、高温、盐害、酸雨等）条件对植物光合作用的影响。在农业科学研究中，通过植物叶绿素荧光测定，可选择植物适宜的生长环境，排除对光合作用产生抑制作用的环境条件。在大气污染及全球变化的研究中，通过对植物叶绿素荧光的测定，可了解大气污染物对叶绿体破坏程度，同时也可了解到对光合作用的影响。

6. 仪器故障检查（表29.1）

表29.1 植物交通仪的故障和排除方法

故障	排除方法
探头中的光源不亮	①检查探头根部的连线是否正常 ②检查协议中光强的设定是否超过0
键盘不响应	①关闭电源后重新启动 ②键盘与主机的接头可能松动
所有测定的数据为0	①检查暗适应夹中的金属片遮光片是否拉开，叶片是否充满暗适应夹的小孔 ②检查探头的光源是否工作 ③检查光源中心的锥形探头是否被遮盖
踪迹曲线波动过大	①确定探头与暗适应夹是否密切结合没有光透入 ②确定叶片是否已充分暗适应 ③确定探头和连线是否有损坏部分

（二）AP4 气孔计测量植物叶片的气孔导度和气孔阻力

1. 准备校正盘

准备校正盘时需要的工具有：装在塑料信封中的校正盘、1 捆滤纸、胶带、剪刀、蒸馏水、干燥的纸巾等物品。

准备时，先将滤纸放在纸巾上，用蒸馏水将滤纸完全湿润。用纸巾擦去多余的蒸馏水。再用干燥的纸巾包住滤纸，继续吸水。完成吸水以后，将滤纸置于校正盘上，要求能完全覆盖 6 组校正孔。用胶带将湿润过的滤纸封住。同时用剪刀沿校正盘边缘整齐地将胶带剪断（图 29.3）。通过轻轻的按压，排出被封住的空气（图 29.4）。完成后，将校正盘放在原来的塑料信封中，将拉链拉上。放置 1 h 以后，方可使用。刚制作完的校正盘（并装在塑料信封内）有效期为 3 d。

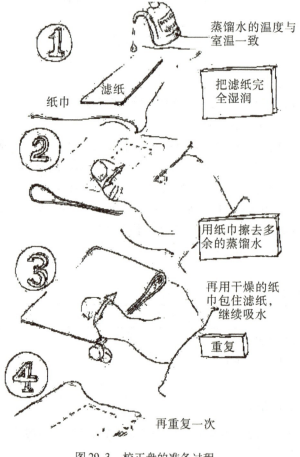

图 29.3 校正盘的准备过程

图 29.4 排除校正盘的空气

2. 仪器的校正

用校正板对 AP4 气孔计进行校正。

首先准备好校正盘，并保持其清洁，校正盘放置 1 h 后才能使用。当校正盘可以使用时,打开 AP4 气孔计,选择"CALIBRATE"项。按下"GO"键按下"SET"键,进入设置菜单,设置 RH 接近于周围环境的 RH。核对其他设置:样品室类型(槽状样品室或圆形样品室)、单位(气孔导度和气孔阻力)、压力(现实大气压力或周围环境的平均大气压或 1 000 hPa(mbar)。

按下"EXIT"键,返回校正界面,提示插入校正盘。插入湿润的校正盘在孔 1 号,将校正盘正确安放后按"GO"开始测量,等待读数稳定,按"GO"接受测量值。更换孔号测量,直到完成 6 个孔的测量。

选择"CURVE FIT"会显示曲率误差。如果误差小于 10% 就可以选择"INSTALL",将新的校正设置保存在机器里。如果误差超过 10% 就要选择"REDO",将新测量值与原有值误差较大的点位的测量再做一次。然后再进行"CURVE FIT"操作,直到误差值小于 10%。就可以选择"INSTALL"将新的校正设置保存在机器里(图 29.5)。

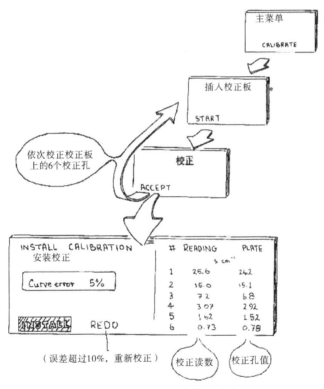

图 29.5　AP4 气孔计较正过程

3. 测量操作

开始测量叶子,按"GO"进行测量。

首先 AP4 气孔计通过 RS232 串行端口和电脑的"COM1"口连接安装数据获取软件"AP4 Retrieve"。

注意:不要连接到并口上,那样会不工作的。在安装目录下,双击 打开软件,出现图 29.6 所示对话框：

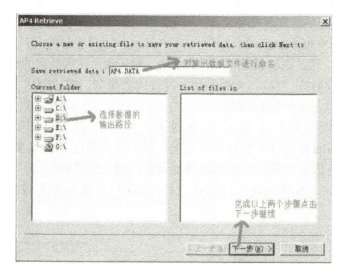

图 29.6　打开 AP4 文件

点击图 29.6 中的"下一步"，出现如图 29.7 窗口：

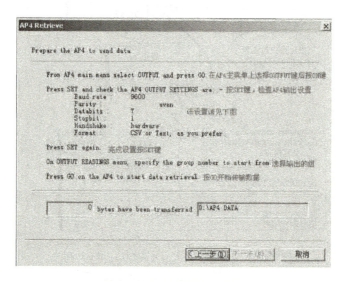

图 29.7　AP4 计孔计主界面

进入 AP4 计孔计主界面，选择"OUTPUT"选项，按"GO"进入"OUTPUT"界面后，按下"SET"键，进入"OUTPUT TEADINGS"（输出设置）界面。这里可以选择输出格式（CSV 或 TXT 文件）和输出的组。

对 AP4 气孔计输出进行设置，步骤为：右键点击我的电脑→属性→硬件→设备管理器→端口→通讯端口 COM1→端口设置。

出现一窗口如图 29.8，需对其进行修改，修改后的具体操作如下：

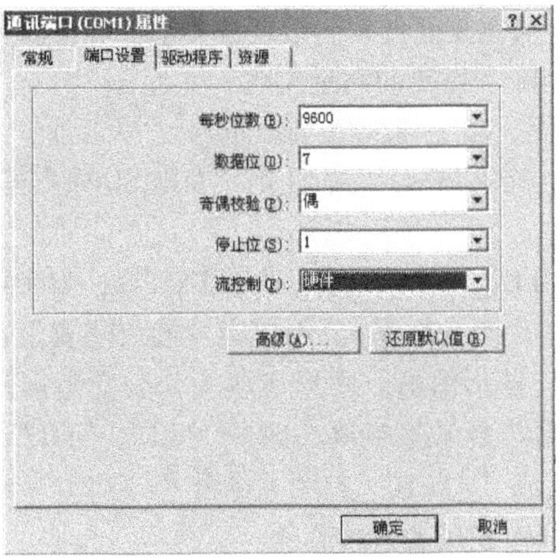

图 29.8 输出参数的修改

设置完毕以后，按下"EXIT"键，返回数据输出界面。如果想把数据删除，可以选择"DELETE"。

如果想保存文件在数据输出界面，选择"GO"，完成数据传输。然后，在计算机内找到刚刚生成的数据文件，用写字板或 EXCEL 打开，就可以看见数据结果了。

（三）Handy PEA 植物效能仪测量植物对光线的利用效率

利用 Handy PEA 植物效能仪检测植物对光线的利用效率，其操作如下：

（1）用 9 针电缆连接 PEA 主机和 PC 机。

（2）打开 PEA 主机电源，在主菜单中选择"PC MODE"，PEA 主机和 PC 机传递信息都必须在此状态。

（3）运行 PC 机上 PEA 软件，选择"HARDWARE"菜单中的"STATUS"选项，出现 PEA 主机信息则表示联机成功。

（4）可在 PC 机 PEA 软件中，选择"HARDWARE"菜单中的"SET DATE AND TIME"选项，设置 PEA 主机日期和时间。

（5）可在 PC 机 PEA 软件中，选择"PROTOCOL"选项，设置 PEA 主机的测量模式。最多可设 5 个不同的测量模式，以应付不同的使用环境。测量模式只能在 PC 中设定。

（6）其中"TITLE"为模式名称；"PRE-ILLUMINATION DURATION"为探头光照预照射时长；"RECORS TIME"为记录荧光诱导曲线的时长；"PLASH"为探头光照闪烁次数；"GAIN"为数据增益功能，一般可设为"AUTO"自动状态，系统会自动选择合理数值。

我们还可以在表格中具体设置探头的每一次"FLASH"照射参数。

（7）设置完测量模式后可用"DOWNLOAD"键将测量模式传输至 PEA 主机，并且软件会提示您想将此测量模式保存至 PEA 主机 1～5 个参数存储位的哪个位置。

（8）保存的测量模式信息可以在 PEA 主机的"SYSTEM-PROTOCOL"菜单中看到，如果需要修改测量模式，可重复此过程。也可在 PC 机 PEA 软件中，选择"PROTOCOL"选项中的"DELETE"删除不想要的测量模式。

（9）将叶夹夹至叶面，暗平衡 15～20 min。

（10）连接探头至主机（PEA），并且用"MEASURE"模式从叶夹读取数据，并保存。

（11）在软件的"FILE"菜单中选择"TRANSFER FROM PEA"读取 PEA 中存储的数据（最多存储 1 000 次测量数据），用鼠标左键将想要分析的数据点蓝，用右键中的"SHOW AS GRAPH"显示图形。图形有放大、改变坐标范围、显示鼠标位置等功能。并可直接打印。数据若要保存在 PC 机中，可以在"FILE"菜单中选择保存路径。

（12）数据可以另存成"ASCII"文件，并用"EXCEL"编辑。

（13）数据只能在 PEA 主机上直接删除。

【注意事项】

（1）首先要准备好校正盘，新做好的校正盘要放置 1 h，否则气孔阻力的测量值会导致 15% 左右的误差。

（2）叶室选择取决于叶面积，叶片必须全部覆盖叶室。通常槽状叶室较大，对测量更好，因为叶片的气孔总是不均匀分布的。

（3）叶片经过清洗后，测量 4～5 次，能得到更加精确的测量值。

（4）植物气孔随着感应头光强度降低而快速的关闭，这样气孔阻力的值就会随着升高，因此在测量过程中，要在测量 2 次或 3 次后再接受测量值。

（5）保证密封圈的密封性良好，如果周围环境与叶室的相对湿度有差异，对结果就会产生错误。可打开感应头的叶夹等待一会儿，再次测量。如果气孔阻力值明显的小则还是密封不好，可重新配置感应头，提高密封性。

（6）尽量保持样品室和周围温度的一致，如果温度变化快且大，就会影响测量结果的精确。

（7）保持样品室和叶片的温度平衡，叶片温度与周围温度如果有很小的差别是不会影响叶片的，为了避免混淆，AP4 测量的值是与叶室的温度有关系。

（8）AP4 样品室的温度与周围温度如果有差异，则会自动进行修正。如果超过 5 ℃，AP4 就会闪光报警，温度修正范围为 5～10 ℃。如果温度修正还不理想，可通过校正 1～2 个校正盘孔，还不行的话，那就需要在一个新温度下，重新校正一次。

（9）传感头需保持清洁。

【作业】

测定几种不同群落中植物叶片的叶绿素荧光诱导动力学曲线，并对试验结果加以比较分析。

【参考文献】

[1] 武志海,杨美英,吴春胜,等.玉米群体冠层内蒸腾速率与气孔导度的变化特性 [J].吉林农业大学学报,2001,23 (4):18-20,24.

[2] 张守仁.叶绿素荧光动力学参数的意义及讨论 [J].植物学通报,1999,16 (4):444-448.

[3] 林世青,许春辉,张其德,等.叶绿素荧光动力学在植物抗性生理学、生态学和农业现代化中的应用 [J].植物学通报,1992,9 (1):1-16.

[4] 李鹏民,高辉远,Strasser R J.快速叶绿素荧光诱导动力学分析在光合作用研究中的应用 [J].植物生理与分子生物学学报,2005,31 (6):559-566.

实验 30　树木年轮与气候变化相互关系的分析测定

【实验目的】

通过学习植物年轮测定，分析树木年轮（tree annual ring）与气候之间的关系，加深认识树木生长与气候变化的关系；掌握测定树木年轮的基本原理，熟悉实验方法与程序，了解仪器的工作原理并正确操作，提高对测定数据进行统计分析的能力。

【实验原理】

1. 树木年轮与气候变化之间的关系

树木径向生长的主要特征之一是树木年轮的形成与变异。树木的年轮变化是树种本身的遗传特性和外部环境条件（如立地条件、气候条件及病虫害等）综合作用的结果。树木年轮的宽窄能够真实地记录每年有利或不利的气候因素。树轮定年准确，分辨率高，指标值测量精确。树木年轮宽度作为反映气候与环境变化的一个重要参数，已被广大生态学研究人员接受并应用。

气象条件，特别是温度、降水和日照等环境因子的影响，会以年轮宽度和年轮密度的变化形式记录在树木个体中。因此，树木年轮不仅记录了树木自身的年龄，而且还记录着树木生长过程中所经历的气候和环境等因子的变化过程。利用树木年轮资料获取过去气候与环境的变化，是气候变革及其可预报性研究计划的重要组成部分，也是过去全球变化研究的重要技术途径之一。大量的树木年轮学研究结果证实，应用树木年轮重建过去气候和环境变化是一种非常有效的方法。

通过树木年轮分析，我们不但可以了解树木历年的生长情况及其所在地历年和远期气候变化的情况和规律，还能得出气候变化对人类赖以生存的生态系统的影响，从而使人类能更好地应对未来气候的变化。

2. 年轮分析仪测定原理

年轮宽度的量测只是取得与某一直线相交的各个年轮距离值，由于年轮边缘延伸的各种不规则变化给这种测值方法带来随机波动影响。人眼的观测误差和疲劳也会降低实际测量精度，以致从中获得的气候资料不够精确。

WinDENDRO 是利用高质量的图形扫描取代传统摄像机的系统，扫描系统能提供高分辨率的彩色图像和黑白图像。采用专门的照明系统去除了阴影和不均匀现象的影响，有效地保证了图像的质量；增大了扫描区域，以供分析；还可以读取 TIFF 标准格式的图像。

【仪器与设备】

WinDENDRO 年轮分析系统的组成如下：
（1）生长锥（increment borer）。
（2）年轮分析软件（基本版/标准版/密度版）：可在 Win9x、WinMe、Win2000、WinXP 操作系统中使用。
（3）扫描仪：STD4800、LA2400。
（4）样品芯固定系统与样品芯定位工具。
（5）XLSTEM 茎秆分析插件（For MS – EXCEL）。
（6）电脑：最低配置为 Pentium Ⅲ/64 MB 内存/17″显示器。

【方法与步骤】

（一）树木年轮的采取

1. 不毁坏树木采取年轮（生长锥的使用）

将生长锥钻入树木适当部位（测年龄最好在树基部），到达取样深度后，插入探杆（针）卡紧样芯，倒转 1～2 转，拔出探杆（针），样芯则夹于探杆（针）中，然后退出生长锥。

2. 毁坏树木截取年轮

选取树木适当部位（测年龄最好在树基部），用锯横向截取树干得到年轮。

（二）树木年轮半径、年轮宽度及年轮密度的测定

1. 扫描树木年轮

（1）将树木年轮截面放在扫描仪上进行扫描，如果年轮太大，不能一次完整扫描，可将其分次扫描，扫描仪具有图像编辑软件，最后可将分次图像编辑合成。

（2）将树芯放在扫描仪上进行扫描，仪器配有专门放置树芯的装置，可随时安装和卸取。

2. 样品数字化处理

将年轮按以上步骤放到扫描仪上后，用 WinDENDRO 扫描软件进行扫描处理，得到的年轮图片，一般扫描需时 10～40 s，主要取决于图片大小。

3. 年轮检测

得到数字化的年轮图片后，就可以进行年轮检测了。该系统既可以手动测定，也可采用自动测定。一般对于对照不明显的样品采用手动测定，对于对照明显的实验采用自动测定。

完成以上工作后，即可应用 WinDENDRO 年轮分析系统测定树木年轮半径（图 30.1）、年轮宽度（图 30.2）和年轮密度（图 30.3）。

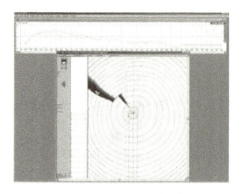

图 30.1 树木年轮半径的测定

图 30.2 树木年轮宽度的测定

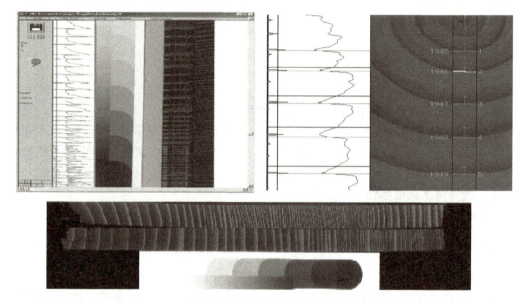

图 30.3 树木年轮密度的测定

4．**数据分析**

XLSTEM 是一种树干分析程序，它具有绘图功能，可以将 WinDENDRO 的数据形象地表达出来，还可以进行数据分析。如根据年轮测定结果，重新组建树木的生长，根据年轮测定树木体积等。

（三）树木年轮与气候变化的关系

（1）在所选定的研究区域，选取足够数量的现生树；每树用生长锥从南北、东西方向各取一样芯；经过筛选，剔除较短的年轮序列，其余用于年轮宽度与密度的测定。

(2) 应用 WinDENDRO 年轮分析系统，测定以上样品的年轮宽度和年轮密度。
(3) 收集研究区域气象资料。
(4) 进行年轮特征与气象资料的相关性分析。

（四）WinDENDRO 年轮图像分析系统操作说明

1. 安装软件和扫描仪

(1) 添加新硬件→在 EPSON 文件夹中寻找"＊.inf"文件→安装（注意请选定电脑的 windows 相关版本）。

(2) 重启动→控制面板→扫描仪→属性→Utilites→Taiwan。

2. 安装分析软件

(1) 参数设置：自行设定各种测定参数（如 grey level、links、tips 等），最好设定自动保存数据。

(2) 图像获取方式（inquire image）：from scanner 或者 from disk。

3. 扫描

(1) 选中所要分析的年轮区域。
(2) 双击选中区域则显示所要分析的参数。
(3) Data 保存为（save）"＊.TXT"文件。
(4) 用"EXCEL"将数据导入到表格中。选定用"空格"作为分隔符。

4. 功能分析

(1) 从磁盘或扫描仪获得图片，鼠标单击轴心。跳出设定框。然后点击左上角的分析图标，再利用"Tab"键即可选中分析区域。

(2) 按住鼠标在要分析的界面上拖延，即可得到分析结果：左上角显示的是所选区域的年轮年数、宽度、密度等。用鼠标点击年轮轴心，按住拖动直到所分析的年轮中心。接着，就会在左上角小圆按钮处显示该半径上的年轮数。在中间纵列显示垂直方向剖面面积。图像上部显示的是水平方向上的剖面面积。

(3) 在 Window/ring width 中可以绘制年轮宽度曲线。

5. 钻芯样本分析

(1) 单个样品段分析：可以同时扫描 5 个钻芯样本进行分析。利用"＋"键即可进行分析。点击样本轴心，再点击样本边缘。双击完成样本的选择。再进行如 4 的分析操作。

(2) 多个片段的分析（适于分析不规则样本）：选择时先点击轴心，再点击中间部位，最后双击终点处，即完成不规则片段的区域选择。当在取样时碰到缺失时，按住"shift"键跳过该区域。并且可利用"Path/delete gap area"键来删除该缺失部分的面积。

注意：在单个样本片段取样时，要从轴心向边缘取样。在不规则样本中，所取样本长度必须在一个半径的范围内。

6. 早/晚材的测量

选择"percentage of dMin to dMax"后，可进行早/晚材的测量。

7. 估算缺失年轮数

在"estimate missing rings to pith"中可估算缺失年轮,从而在计算时会自动补算。

8. 年轮密度的测量

仅限高级版本仪器及软件。

9. 保存数据

生成的数据可以点"save"保存。

【作业】

根据气候变化特点,选择野外树木或设计实验观测某种环境因子(如温度)对树木年轮特征(如年轮面积、宽度或密度)的影响。

研究实例

金钟藤的年轮生长量与气候因子的相互关系[*]

金钟藤 [*Merremia boisiana* (Gagnep.) van Ooststr.] 是旋花科多年生缠绕大藤本,它具有极强的生长和攀援能力。目前,金钟藤已对广东森林构成危害。藤本植物年轮特征的研究,有利于更好地探讨其迅速生长的机理,为森林管理和生物防治提供理论参考依据。

金钟藤实验样品采自广东罗浮山。从距离金钟藤基部 1.3 m 处锯取约 5 cm 厚的圆盘为圆盘一(D1),往上每隔 1 m 锯取一个圆盘直到年轮圆盘的年轮数目是 1 为止,依次为圆盘二(D2),圆盘三(D3)……圆盘十四(D14),然后将所锯圆盘进行磨平抛光(图 30.4)。先扫描年轮获取图像信息,再用 WinDENDRO 年轮图像分析系统测定年轮生长情况。

图 30.4 金钟藤的年轮圆盘(ring discs of *Merremia boisiana*)

---

[*] 节选自叶有华,周凯,刘爱君,等:《金钟藤的气轮生长量与气候因子的相互关系》,载《生态环境》2006 年第 15 卷第 6 期,第 1250 – 1253 页。

结果表明，金钟藤年轮生长量与气温呈极显著正相关，这可能是因为藤本植物对温度更敏感，温度升高极大地促进了金钟藤年轮的生长（图30.5-a）。水分和日照时数是植物生长的重要影响因子，但其与金钟藤年轮生长量相关性不显著，可能是因为近十几年罗浮山地区大部分年份降水量丰沛，日照时数多且变化不大，基本满足了金钟藤对水分和日照的需求，水分和日照时数的增减不会导致年轮生长量的明显变化（图30.5-b，c，d）。

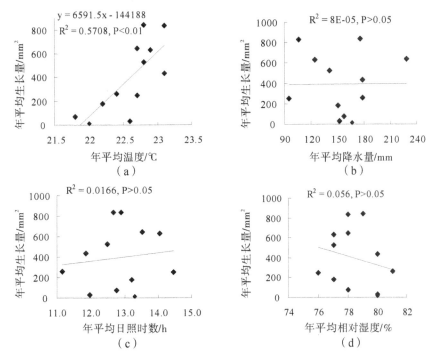

图30.5　金钟藤年轮年平均生长量与温度（a）、降水量（b）、日照（c）和湿度（d）的关系

由金钟藤年轮生长量与气候的关系可以看出，在罗浮山地区金钟藤迅速生长，形成肆意蔓延之势，可能与全球气候变暖尤其是临近地区的热岛效应有关。在全球气候变暖和邻近城市热岛效应影响下，罗浮山地区的气温持续升高，加剧了金钟藤的生长。说明温度可能是金钟藤快速生长的主要驱动因子。

【参考文献】

[1] 范玮熠，王孝安. 树木年轮宽度与气候因子的关系研究进展 [J]. 西北植物学报，2004，24（2）：345-351.

[2] 何海. 使用WinDENDRO测量树轮宽度及交叉定年方法 [J]. 重庆师范大学学报：自然科学版，2005，04：39-44.

［3］侯爱敏，彭少麟，周国逸．鼎湖山地区马尾松年轮元素含量与酸雨的关系［J］．生态学报，2002，09：1552－1559．

［4］王卓，黄荣凤，王林和，等．毛乌素沙地天然臭柏径向生长特性研究［J］．北京林业大学学报，2008，03：1－6．

［5］叶有华，周凯，刘爱君，等．金钟藤的年轮生长量与气候因子的相互关系［J］．生态环境，2006，15（6）：1250－1253．

［6］于大炮，周莉，代力民，等．树木年轮分析在全球变化研究中的应用［J］．生态学杂志，2003，22（6）：91－96．

［7］朱西德，王振宇，李林，等．树木年轮指示的柴达木东北缘近千年夏季气温变化［J］．地理科学，2007，02：256－260．

实验 31 植物冠层叶面积指数与植株比叶面积的测定

【实验目的】

通过植物群落叶面积指数（leaf area index，LAI）及植物比叶面积（specific leaf area，SLA）的测定，分析不同植物群落特征变化，认识不同植被群落的空间结构特征。

掌握测定与分析植物群落叶面积指数与比叶面积的基本原理，熟悉实验方法与程序，了解仪器的工作原理，能够正确操作。

【实验原理】

1. 植物群落

植物群落是指在环境相对均一的地段内，有规律地共同生活在一起的各种植物种类的组合。例如一片森林、一个生有水草或藻类的水塘。每一相对稳定的植物群落都有一定的种类组成和结构。一般在环境条件优越的地方，群落的层次结构较复杂，种类也丰富，如热带雨林。而在严酷、恶劣的生境条件下，只有少数植物能适应，群落结构也简单。群落的重要特征（如外貌、结构、生产量等）主要取决于各个植物种的个体，也决定于每个种在群落中的个体数量、空间分布规律及发育能力。不同的植物群落的种类组成差别很大，相似的地理环境可以形成外貌、结构相似的植物群落，但其种类组成因形成历史不同而可能很不相同。

2. 群落冠层结构特征

群落冠层结构是指植物地上部分物质的总数和组织结构，它包括植物的叶、茎、枝条、花和果实等器官的大小、形状、方位和在冠层中的上下位置的分布情况。植物的冠层结构极大地影响着植物与环境的相互作用，植被冠层不仅直接影响植物和周围环境的物质与能量交流，还能揭示植物对物理、化学或生物因子适应的策略和植物群落长期演变过程的变化特征。所以，测定和描述群落冠层结构对理解植物许多生态过程是非常重要的。

3. 叶面积指数

叶面积是研究许多森林植物生态过程的关键参数和研究森林冠层结构的重要指标，叶面积指数（LAI）与林段的光合作用、蒸腾作用、蒸发散、生产力等密切相关。叶面积指数又叫叶面积系数，是一块地上作物叶片的总面积与占地面积的比值。

即：

叶面积指数＝绿叶总面积/占地面积。叶面积指数是反映植物群落大小的动态指标。在一定的范围内，植物的产量随叶面积指数的增大而提高。建立森林生态系统的生长模型和研究森林生态系统的能量交换等，都需要准确估测叶面积指数。

4. 植物比叶面积

比叶面积（SLA）是衡量叶片光合作用性能的一个参数，是指单位叶片重量（干重或鲜重）的叶面积，不过通常用干重来表示，表示叶片的厚薄。其倒数称为比叶重（specific leaf weight, SLW）。它与叶片的光合作用，叶面积指数，叶片的发育相联系。在同一个体或群落内显示受光越弱而比叶面积（cm^2/g）越大的倾向，一般作为叶遮阴度的指数来使用。但对于同一叶片，则有随着叶龄的增长而减少的倾向。

5. LAI-2000植物冠层仪测定原理

LAI-2000冠层仪主要由"鱼眼"镜、光学探头和控制器三个部分（图31.1）组成，它利用一个"鱼眼"光学传感器（视野范围148°）进行辐射测量来计算叶面积指数和其他冠层结构。冠层以上和冠层以下的测量用于决定5个角度范围内的光线透射，LAI是通过植被冠层的辐射转移模型来计算的。

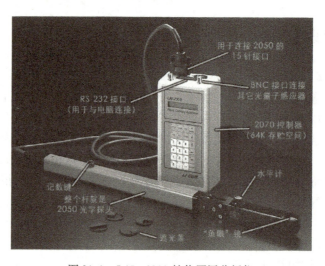

图31.1　LAI-2000植物冠层分析仪

LAI-2000仪器的心脏就是光学感应器"鱼眼"镜头，感应器是专门为LAI-2000设计的，被分为5个同心圆。当光线折射到感应器上时，每一个感应器所检测的角度范围都不同。感应器所检测的光线是经过过滤的，只对波长小于490 nm的光线响应——因为在这个范围里的光线受叶片的反射及折射最小。滤光片使得叶簇相对其光亮的天空背景，表现为黑色。每一个感应器的输出值与环带上被天空照亮部分成比例的。

LAI计算需符合以下假设：叶片不透光，且无反射；叶片排列是随机的；叶片面积相对每环的观测范围是很小的；叶片的位置分布是随机的。可以测量叶面积指数（LAI），计算叶面积标准误（SEL），测量无截取散射（DIFN），测量平均叶倾角（MTA），计算平均倾角标准误（SEM）。LAI回答"有多少叶片"，尽管LAI字面上是指"叶面积指数",但 LAI-2000 是测量所有挡光的物体。LAI 没有单位,可认为是叶面积/地面积。MTA 回答"叶片倾斜如何"。如果所有叶片都是水平的,那么 MTA 就是 0°;若都是垂直的,则为 90°。一般 MTA 处于 30°～60°(即水平叶片占优势和垂直叶片占优势)之间。

6. LI-3000 叶面积仪测定原理

LI-3000 叶面积仪主要由主机与扫描头组成(图 31.2),它是采用电子方法在叶片上模拟出栅格阵。扫描头采用 128 窄带、红色 LED 发光二极管排,LED 中心间距 1 mm,来检测通过 128 个 LED 单元的叶片宽度。连续的 LED 脉冲可检测出 LED 在一排上的精确位置。LED 排固定在扫描头上部边缘的 0.62 cm 处。扫描头的底部包括了一个光电检测系统,仅对准直的脉冲 LED 光有响应。这种设计使得测量对其他光源不敏感。这些窄带的红色 LED 光结合相关的数字电路使得测量不受叶片透射特性的影响。

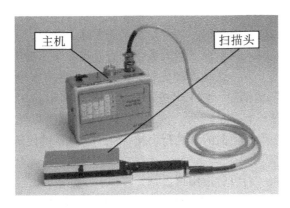

图 31.2　LI-3000 叶面积仪

在 LED 排上逐个扫描后,需继续检测下一排。电学上靠拉动长度编码索来实现。编码索每移动 1 mm,128 个 LED 连续脉冲触动一次新的扫描。扫描只有当长度编码索被拔出后才开始。因绳索移动 1 mm 相当于一个 LED 的大小,显然长度索应与 128LED 排垂直拉动。当一个 LED 光被样品遮挡时,显示器上累积一个单位面积(1 mm^2)。例如,测量一个 20 mm×100 mm 的样品测量时,100 次扫描数据中有 20 个 LED 被遮挡,结果显示面积为 20.00 cm^2。

扫描头可以精确地测量不规则的叶片或有虫害造成的带孔的叶片。叶片中的空洞通过扫描头,光电感应的 LED 光源没有被遮挡,因而没有数据累加。这种电子测量技术的关键是需要 128 个 LED 逐个分别激发出相同的光强度,且每个 LED 的阀值(50% acceptance/rejection)是一致的,这可通过自动校准软件来实现。

【仪器与设备】

LAI-2000 植物冠层分析仪和 LI-3000 叶面积仪(美国,LICOR 公司)。

【方法与步骤】

(一) 冠层叶面积指数的测定

1. 连接传感器

仪器正面向上，左上方和右上方的两个接口都是 LAI-2000 传感器的接口，分别标记为 X、Y 接口。我们使用的是一个 LI-2050 传感器，因此一般将传感器连接到 X 接口上。

2. 开关仪器

按下"ON"键大约 2 s 后仪器就可以启动。

按下"FCT"键再按"0+9"就可以关闭仪器。

3. 参数设置

仪器的显示屏幕一般显示两行，一种情况是需要输入参数，上面一行是原来的或默认的参数，下面一行是输入提示行。输入数字，直接按数字所在键输入。当输入的是字母时，有的字母在键的上方，这时就要先按"↑"键，再按字母所在键即可输入。如果按错键，可按"←"键消除，如果误按了"↑"键，可以按"↓"来恢复。另一种情况是查看显示的信息，有多个行时，按"↑""↓"键可以使数据行向上、向下移动。而且，操作的行一般是上面的那一行。按"←""→"键使信息左右移动。

4. Setup 设定

仪器初次设定后，一般以后不用再设定。

按下"SETUP"键，使用"↑""↓"键可以依次看到 00~09 行，每次调整的是处于显示屏幕的上面那一行，按下"ENTER"键进行操作。按表 31.1 进行操作。

表 31.1 LAI-2000 植物冠层分析仪的设定操作

设定目录	操作
00 ** SETUP	
01 X Cal	这里保持默认值就行了
02 Y Cal	当我们使用了一个传感器的时候，就只对 X 操作，对于有 Y 的参数值，或者别的，暂不用管
03 Vectors	暂不考虑
04 Resolution	为了精度的提高，我们把该值设置为 high（注意使用"↑"来选择）
05 Set Clock	按照当时的日期、月份、时间输入就可以了（注意：月份的格式是其英文单词的前三个字母）
06 Set Dists	暂不考虑
07 Set Angles	暂不考虑
08 1,2Channels	暂不考虑
09 OFF	关闭仪器

5. 设置操作模式（OPER）

对于不同测量，可能需要修改操作模式。操作时按下"OPER"键，将会显示如下信息：10 * * Oper，11 Set Op Mode，12 Set Prompts，13 Def Log Key，14 Log New，15 Log Append，16 Bad Reading。这里我们只对 11 和 12 这 2 项进行设置。

（1）11 Set Op Mode。

首先用"↑""↓"键使这一行显示在屏幕的上行，然后按"ENTER"键进入，因为我们用的是一个传感器连接到 X 接口，所以使用"↑"键，选择"1 sensor X"，按"ENTER"键确认。随后出现新的对话框，提示输入测量次序"Seq =↑↓"，我们在测量 LAI 时，一般先测量 1 次植物冠层上面的辐射数据（A），再测量 4 次冠层下面的辐射数据（B），因此输入"↑↓↓↓↓"，输完后，按"ENTER"键确认，随后又出现重复的次数对话框，提示输入"Reps = 1"，为了准确，我们输入"2"，即对同一个目标重复测量 2 次，再进行计算，最后按"ENTER"键返回"OPER"列表。

注意：A 和 B 的意义就是在冠层上面的测量值和下面的测量值的区别标志，在得到的数据中也是用 A 和 B 来区别的。这在下面的叙述中经常会碰到。

（2）12 Set Prompts。

这是一个附加信息设置，提示我们所采集资料的种类和位置等。按下"ENTER"键，提示输入所测的植物的种类，例如输入"GRASS"，再按下"ENTER"键，输入位置，例如"PLOT5"。这些都是为了帮助我们以后方便使用数据。然后返回"OPER"列表。

6. 检查监视模式（BREAK）

使用"BREAK"键（同"ON"键），首先显示的是时间，使用"↑"和"↓"键选择查看上面一行的信息，使用"←"和"→"键选择看下面一行的信息。各行的含义如表 31.2。

表 31.2　LAI - 2000 植物冠层分析仪的监视模式

参　数	说　明	参　数	说　明
T	时间	Y1	Y 传感器在 7 测出的值
F1	下一个文件数	X1	X 传感器在 7 测出的值
Y5	Y 传感器在 68 测出的值	1	BNC 信道#1 该设置在 FCT 08 中
X5	X 传感器在 68 测出的值	2	BNC 信道#2 该设置在 FCT 08 中

其中，因为仪器只有一个 X 传感器，所以 Y1～Y5 的值是"OFF"，如果使用"↑""↓""←""→"键显示屏幕上面一行是"X1"的值，下面一行是"X5"的值，就可以大致判断监视传感器的可靠性了。例如盖上盖子它们的值就应该变小，拿走盖子它们的值就应该变大。这样简单的操作，可以提前避免把坏仪器带到野外。

7. 记录数据和计算叶面积指数（LOG）

按下"LOG"键，首先出现设置过的植物的种类和测量的位置信息对话框，以及对应的输入测量的顺序号码（最多不超过 7 位数，包括数字和字母），然后仪器将显示如下图 31.3 的内容。

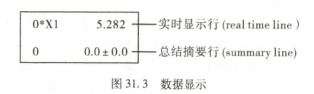

图 31.3 数据显示

（1）实时显示行。"*"总是在实时行。"*"左边的数字（这个例子中是 0）代表了得到的 A 值的数量（当实时行在上面时）或得到的 B 值的数量（当实时行在下面时），"*"右边是通道的序号，使用"↑""↓"键（当实时行在上面时）或者"←""→"键（当实时行在下面时）来选择该序号，最右边的数值是该传感器的测量值。

（2）总结摘要行。该行包括 3 个值。从左到右的意义是：有多少个 A、B 数据对（即已经测量了的 SMP），叶面积指数平均值（LAI）和叶面积指数估计标准差（SEL）。

这时，仪器将等待我们把传感器放到植被上方的正确位置上，然后按下"ENTER"键或者传感器杆上的记数按钮，记录测量值。传感器在植被上方时记录 A 值，在下方时记录 B 值。根据前面的设置"↑↓↓↓↓"，可知道在上方测 1 次，然后在下方测 4 次，显示屏幕也给了我们提示。当实时行即"*"在上面一行时，把传感器放在上方测量，反之，把传感器放在下方测量。当重复测量 2 次以后，因为前面设置了"Reps = 2"，对目标的测量就结束了。仪器将计算最终的结果，并得到一个记录文件，这样我们就得到了一个目标的叶面积指数（LAI）。

测量下一个目标时，重复上面操作就行了。

注意：记录 1 个数据时，我们需要按"ENTER"键或者传感器上的按钮，这时我们可以听到 2 声蜂鸣，第一声是按键声，第二声是读数完成的声音。在 2 次蜂鸣声之间，必须保持传感器水平不动。按传感器上的按钮时，应该按一下就放开，如果一直不放松，蜂鸣声将一直响到读数完成。

8. 浏览测量结果（VIEW）

记录完了以后，记录文件会自动存储下来。按下"FILE"键，可以进行测量结果浏览。

当显示屏幕提示输入文件序号时，输入要想看的文件号，用"↑"和"↓"键翻看详细结果。其中显示模式有 5 种：①标题信息、评注、结果；②角度和距离；③CNTCN#和 STDDEV 值；④角度和缝隙；⑤观测记录。

默认的是第一种模式，而且我们一般也只要第一种的结果，表 31.3 对第一种模式的各项内容进行说明。

表31.3 测量结果的说明

结　果	说　明
FILE = 5	文件号
20 JUL 06 35 01	文件创建日期时间
WHAT = GRSEE	提示1中的物种的种类
WHERE = PLOT8	提示2中的测量的位置
LAI = 2.59	叶面积指数
SEL = .13	叶面积指数的标准差
DIFN = .151	天空可见度
MYA = 61	平均倾角
SEM = 5	平均倾角的标准差
SMP = 8	使用的采样数据对
A×S+1 = 2.62	另一个可选的叶面积指数作为参考

9. 数据传输

安装随机配备 FV2000 程序，打开 FV2000，使用 RS232 数据线连接电脑和 LAI-2000。按"FILE"，再按"↑""↓"键翻到"PRINT ON"，按"Enter"进入，输入文件序号。在 FV2000 界面上，点击"File"，出现下拉菜单，按"Acquire"选项，获取数据。

（二）植物比叶面积的测定

1. 仪器准备

（1）在 LI-3000A 主机上，首先将"EXT BATT 6V DC"处拨至 230 V 处（国外是 115 V）。注意：此处如果错误将会造成主机严重损害。拧开保险管帽，装上保险管，出厂时厂家有可能没有安装保险丝，在备用件中可以找到。在仪器主机关闭状态下将扫描头与主机连接，连接接口在主机的背部面板上，上面有"SCANING HEAD"标记，首先对准接口内的针口并向内推进后旋转至拧紧螺丝扣。

（2）充电：将电源线与主机上"AC POWER"处连接并充电一个晚上，第一次充电可使用 15 h。机器不使用时，要充满电放置，否则影响电池寿命。在充电时使用对机器没有损害。机器充满电后仪器会自动断电以保护机器。当电池使用时间剩余 1 h 以下时，机器显示屏会显示"LO"（图 31.4），提示您及时充电。再次充电后，可以用 10 h 左右。

```
AREA            0.00    X
  0 Lo          0.00    Y
```

图 31.4　LI-3000A 主机电量不足的显示

2. 测定过程

（1）用手指按住扫描头上部的把手，把扫描头上部抬起来，并把叶片夹在扫描头上下部中间，利用左手夹住叶片的叶柄处，同时夹住长度编码索一同匀速拉动，直到完全抽出叶片（图 31.5）。

图 31.5　叶片扫描

抽动速度不能高于 1 m/s。如果超过，将显示错误信息（图 31.6）。

```
PULLING TOO FAST      X
PRESS CLR X           Y
```

图 31.6　叶片扫描速度过快的显示

可以按面板上的"CLEAR X"键来删除。

（2）叶片扫描后，显示屏上显示出测量数据。显示屏显示分为 2 行，包括 X 和 Y。X 行显示数值，默认为 AREA 面积（cm^2）。还可以选择 LEN 长度（cm）、AVWD（平均宽度）或 MXWD（最大宽度）。

X 行的右侧显示为数值，左侧显示测量类型，即面积等（图 31.7）。Y 行显示的是累计值，如果想把 X 行的数据累计到 Y 行，应该按"ADD"按钮来进行添加。如果按"SUB"按钮，则把数值从累加值中删去。

```
AREA            158.92    X
   0              0.00    Y
```

图 31.7　测量数据显示

（3）如果您需要测量的叶片比较多或不方便直接扫描，您可以采用透明塑料薄片法，把塑料薄片事先测量以确定其是否对面积有影响，然后把叶片放在两片塑料中间并从扫描头扫过，从而可以测量其面积。也可以使用 3050A 的选配件。

3. 数据存储

首先按"FILE"建立一个文件,文件名将按顺序号自动指定(图 31.8 - a)

然后要求您"ENTER REMARK"输入标记,用来标记地点或样地(图 31.8 - b)。字母的输入方法:如果希望打入上档字符,首先按"↑",然后按字母所在按钮即可输入该字符。如果下档字符则按"↓"再按字符所在按钮。

接着进行测量,测量后可以按"STORE X"来存贮(图 31.8 - c)。

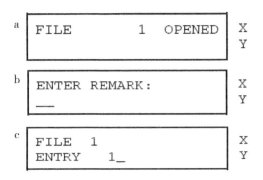

图 31.8　数据存储过程

另外,做累计测量后可按"STORE Y"来存储累计数据,接下来再按"FILE"键可以关闭这个文件(图 31.9)。

图 31.9　累计数据文件的关闭

4. 阅读储存的数据

按"VIEW",系统提示您输入文件号和登记号,之后可以按各功能键看不同数据(图 31.10)。

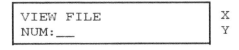

图 31.10　阅读已有数据

5. 删除文件

按"DEL",系统会提示您输入文件号,输入后将删除该文件(图 31.11)。

图 31.11　文件的删除

6. MENU 功能

Memory available：显示可用内存空间。

Set I/O：配置 RS-232 接口（使用默认设置）。

Print files：从叶面积仪输出文件到计算机中。选中后按"Enter"回车，"FROM"输入起始的文件号，"THRU"输入结束的文件号即可。

注意：此时应该把传输线分别连接在计算机和主机上，并把 1000～90 程序复制到计算机的一个文件夹中，双击"COMM"应用程序，启动后按"F6"给文件起名。之后在执行主机上"PRINT FILES"即可。

Delete all files：删除所有存储的文件。

Config registers：设置自动清除数据。

Set clock：设置时间。

3100 resolution：设置 LI-3100 台式叶面积仪的分辨率。

如果想退出"MENU"，可以按任意键即可退出，除了"ENTER"、"↑"和"↓"3 个键。

7. 校准

随机带有 10 cm^2（LI-3100 携带 50 cm^2）的校准盘，放在中间位置测量，在测量后如果有差别，可以旋转"CAL ADJ"来调整直到准确为止，通常无需调整。

【作业】

选择不同条件下的相似植物群落及个体植株，测量叶面积指数及比叶面积，并研究不同环境条件下植物群落结构的差异。也可根据实验室条件，设计生长环境梯度实验，如种植某种植物，生长一定时间后测量它们叶面积，比较研究不同生长条件下植物叶面积的差异。

研究实例

采用 LAI-2000 观察桑树生长变化[*]

测定桑树叶面积指数一般是采用量测法、质量比例法、分层收割法和斜点样方法等直接测量。以上方法所用的工具大多数是"一把尺、一杆秤"，通常会中断桑树的生长，且抽样工作量也大。采用 LAI-2000 植物冠层分析仪，可准确、快速地测量植物冠层叶面积指数（LAI），并可根据 LAI 数据确定植物叶片产量、反映植物的生长状态。在田间测量时既节省劳力和时间，也不影响植物的生长。

---

[*] 节选自杨伟春，谢特新：《采用 LAI-2000 植物冠层分析仪观察桑树生长变化及测算桑叶产量》，载《蚕业科学》2008 年第 34 卷第 3 期，第 506-509 页。

试验田位于华南农业大学蚕桑教学实验园,桑品种为"沙2×伦i09"杂交桑,采用全年条桑收获法进行收获。试验仪器为LAI-2000植物冠层分析仪、LI-3000叶面积仪(美国,LI-COR0公司)。

LAI-2000植物冠层分析仪经调试后在选定行的冠层顶部测定1个冠层上方数值(A),然后在冠层下方取4个数值(B),其测量位置分别在选定行的株间1/4行距、1/2行距、3/4行距处,4点位于一条直线上。每次测量分别在第2、4、6行间进行。每行测量3组数据,每次共测量9组数据。

桑树生长调查:在桑树旺盛生长期的7月25日至9月27日共2个月的时间内,每周测量1次桑树叶面积指数。利用FV2000软件处理试验相关数据,包括叶面积指数与生长时间的关系、叶面积指数与桑园透光率的关系、叶片平均倾斜角度与生长时间的关系等。通过以上数据处理结果,揭示桑树不同时间的生长变化。

桑园产量的测算:在收获条桑的当天,先分别测量第2、4、6行间的LAI数据,把9组数据的平均值作为整块试验田桑树的LAI平均值;然后收获条桑,并随机抽取几株桑树的所有条桑(约1 kg),立即将枝、叶分离,并分别进行称量,获得桑叶和枝条质量,重复3次,算出平均条叶比(叶片占条桑的百分率);用LI-3000叶面积仪测量抽样叶片的总面积,根据桑叶质量和总面积数据计算出单位面积桑叶的质量。桑叶产量=单位面积桑叶质量×试验田总面积×LAI平均值;实际桑叶产量=收获条桑量×条叶比。

从图31.12可见,在收获条桑后的1周内,桑树的生长非常缓慢,LAI<1.0;其后桑树生长速度开始加快,LAI>1.0。并逐渐增加,直到收获后的第7周,LAI达最大值6.0左右;以后LAI不增加反而减少,可能与出现黄落叶,使桑叶面积减少有关。图31.13显示了7月25日至9月27日桑树总体生长时间与叶片倾斜角度的变化:在生长的初期,叶片倾斜角度范围比较大,从水平至50°~60°;随着桑树的生长,叶片的倾斜角度基本上保持在一个不变的范围内,绝大多数叶片在36°~45°之间,集中分布在42°左右。

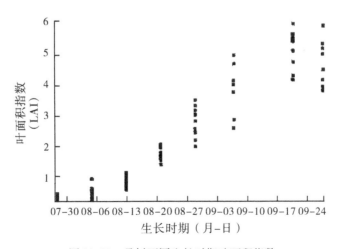

图31.12 桑树不同生长时期叶面积指数

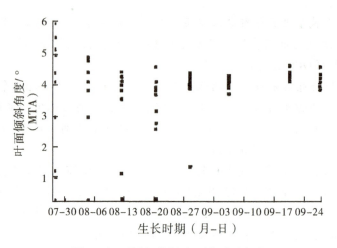

图 31.13 桑树不同生长时期叶片倾角

5月27日、7月25日、9月27日3次测定与收获的产量结果见表31.4和表31.5。可以看出，第3次试验测算的桑叶产量与实际收获产量的差异最小，误差只有1.5%；而其他2次试验的差异都比较大，分别为8.6%、8.5%。分析其原因可能与单位叶面积质量的调查有关。

表31.4 不同收获时期的桑树叶面积指数

收获日期 (月-日)	叶面积指数（LAI）									平均
	2 行间			4 行间			6 行间			
	1	2	3	1	2	3	1	2	3	
05-27	6.40±0.21	6.89±0.18	6.96±0.24	5.15±0.20	5.08±0.17	5.46±0.22	5.41±0.15	5.65±0.19	5.50±0.18	5.83
07-25	3.11±0.22	3.36±0.20	3.65±0.13	4.34±0.08	3.80±0.00	4.07±0.14	4.31±0.12	4.57±0.12	4.26±0.13	3.94
09-27	3.96±0.19	4.20±0.13	4.55±0.11	5.06±0.20	5.40±0.16	5.32±0.21	5.26±0.14	5.98±0.20	5.35±0.17	5.01

注：表中数据采用平均数±标准误差列出。

表31.5 测算桑叶产量

收获期日（月-日）	试验田平均叶面积指数	单位叶面积质量 /kg·m^{-2}	桑园面积 /m^2	测算桑叶产量 /kg
05-27	5.83	0.2161	68	85.7
07-25	3.94	0.1950	68	52.2
09-27	5.01	0.1701	68	57.9

【参考文献】

[1] 杨伟春, 谢特新. 采用 LAI-2000 植物冠层分析仪观察桑树生长变化及测算桑叶产量 [J]. 蚕业科学. 2008, 34 (3): 506-509.

[2] 吕雄杰, 潘剑君, 张佳宝, 等. 水稻冠层光谱特征及其与 LAI 的关系研究 [J]. 遥感技术与应用. 2004, 19 (1): 24-29.

[3] 王谦, 陈景玲, 孙治强. LAI-2000 冠层分析仪在不同植物群体光分布特征研究中的应用 [J]. 中国农业科学, 2006, 39 (5): 922-927.

[4] 王谦, 陈景玲, 孙治强. 用 LI-2000 冠层分析仪确定作物群体外活动面高度 [J]. 农业工程学报, 2005, 21 (8): 70-73.

[5] 王希群, 马履一, 贾忠奎, 等. 叶面积指数的研究和应用进展 [J]. 生态学杂志, 2005, 24 (5): 537-541.

[6] 王冀, 田庆久, 孙绍杰, 等. 小麦 LAI-2000 观测值对辐亮度变化的响应 [J]. 生态学报, 2014, 02: 345-352.

[7] 王方永, 王克如, 李少昆, 等. 利用数字图像估测棉花叶面积指数 [J]. 生态学报, 2011, 11: 3090-3100.

[8] 苏宏新, 白帆, 李广起. 3 类典型温带山地森林的叶面积指数的季节动态: 多种监测方法比较 [J]. 植物生态学报, 2012, 03: 231-242.

[9] Arias D, Calvo-Alvarado J, Dohrenbusch A. Calibration of LAI-2000 to estimate leaf area index (LAI) and assessment of its relationship with stand productivity in six native and introduced tree species in Costa Rica [J]. Forest Ecology and Management, 2007, 247: 185-193.